贵州卫视《詹姆士的厨房》编委会◎著

JAMES' KITCHEN

第二季

吉林科学技术出版社

图书在版编目（CIP）数据

詹姆士的厨房. 第二季 / 贵州卫视《詹姆士的厨房》编委会著. -- 长春 : 吉林科学技术出版社, 2018.1
ISBN 978-7-5578-3504-0

Ⅰ. ①詹… Ⅱ. ①贵… Ⅲ. ①食谱—中国 Ⅳ. ①TS972.182

中国版本图书馆CIP数据核字(2017)第294663号

ZHANMUSHI DE CHUFANG DI-ERJI

詹姆士的厨房 第二季

著　　贵州卫视《詹姆士的厨房》编委会
出 版 人　李　梁
责任编辑　朱　萌　冯　越
封面设计　张　虎
制　　版　长春美印图文设计有限公司
运营机构　贵州电视文化传媒有限公司
开　　本　710 mm×1000 mm　1/16
字　　数　200千字
印　　张　12.5
印　　数　1-10 000册
版　　次　2018年1月第1版
印　　次　2018年1月第1次印刷

出　　版　吉林科学技术出版社
发　　行　吉林科学技术出版社
地　　址　长春市人民大街4646号
邮　　编　130021
发行部电话 / 传真　0431-85635176　85635177　85651759
85651628　85652585
储运部电话　0431-86059116
编辑部电话　0431-85659498
网　　址　www.jlstp.net
印　　刷　吉广控股有限公司

书　　号　ISBN 978-7-5578-3504-0
定　　价　45.00元
如有印装质量问题　可寄出版社调换

贵州卫视《詹姆士的厨房》编委会

总有一份对美食的执念

世间万物，唯有美食与爱不可辜负。与美食打交道已经30余年了，在探寻食材与味道碰撞的路上我从未停止，并依然热情如初。

《詹姆士的厨房》第一季出版后，认识了很多和我一样热爱美食的朋友，与大家一起畅聊那些美妙的食材与味道，于我来说便是人生最快乐的事。

我喜欢奇思妙想，喜欢启用灵感，喜欢一切看起来不能搭配在一起的东西，因此我对创意菜情有独钟。那些匪夷所思的搭配能够碰撞出意想不到的惊喜，吃一口满满的幸福就在唇齿之间。

《詹姆士的厨房》第二季收录了更多饱含心意的菜品，我会一一为大家详解，与大家共享制作过程的乐趣，品鉴源于各个国家的创意料理。

在探寻美食的路上我不会止步，满载着热情，带给大家更美味、更丰富的健康料理……

目录 CONTENTS

第一章　Hello，主食

第二章　来自北纬49°的美食

日式海鲜盖饭

日本寿司卷

凉拌莴笋意大利面

第三章　尽尝亚洲美食

第四章　轻松上手的小食

★1匙≈5克，1大匙≈15克，少许、适量可以根据自己的口味酌情添加。

法式海鲜前菜

脆皮吐司

奶酪蔬菜总烩

第一章

Hello，主食

一份主食也可以丰富你的味蕾

辣味蛤蜊丝瓜面

辣椒不是中国的本土蔬菜，是400多年前从南美传过来的。现在湖南、贵州、四川等地的人都很能吃辣，在中国人的不断尝试下，辣椒被衍生出了酸辣、香辣还有麻辣等各种辣味。你猜，今天我会为大家带来哪一种辣呢？

辣味蛤蜊丝瓜面

烹饪时间 20分钟　烘焙时间 0分钟　静置时间 0分钟

使用工具：

煮锅、滤网、炒锅

使用食材：

面条	100克
丝瓜	1根
鸡蛋	1颗
蛤蜊	10个
蒜	5瓣
姜	10片
葱	2根
豆瓣酱	2大匙
白糖	适量
盐	适量
辣椒粉	1大匙
米酒	适量
芝麻油	适量
植物油	适量

烹饪步骤：

❶ **切蔬菜**　将丝瓜切成小片状，葱一部分切成末状，一部分切成段状。

❷ **炼辣油**　锅里放入芝麻油和植物油，放入姜片，将姜的味道煸到油里，加入拍碎的蒜头和葱段，再放入豆瓣酱炒匀。

❸ **准备辣椒粉** 将辣椒粉放入盘子里，再加入适量白糖。

❹ **过滤** 将油过滤到辣椒粉里，将辣椒油拌匀。

❺ **煮面** 锅中加水烧开，将面条煮熟（煮面前，往锅里倒入3匙盐，这样面条会更进味，面条也不容易粘黏）。

❻ **炒丝瓜** 将植物油倒入锅里，油热之后倒入丝瓜，稍微翻炒之后加水。

❼ **加蛤蜊** 把吐好沙的蛤蜊倒入锅中，盖上锅盖焖煮。

❽ **加蛋** 将鸡蛋打匀，往锅里淋上打匀的蛋液。

❾ **出锅** 将煮好的面条放入碗中，再倒入煮好的丝瓜蛤蜊汤（提前在空碗里放入少量米酒和盐，将煮好的面条、米酒、盐一起拌匀，再倒入丝瓜蛤蜊汤）。

❿ **收尾** 淋上做好的辣椒油，撒上葱末就大功告成了。

会做料理的人，辣味是不能压过食材的原汁原味的，这道辣味蛤蜊丝瓜面既辣得过瘾，又不失丝瓜蛤蜊的清甜爽滑。跟着詹姆士，我又学到了一道很棒的料理！

秘鲁椒香烩饭

你知道秘鲁离我们有多远吗？经过多次转机，你从中国过去可能需要大概33个小时，如果想尝一下秘鲁菜还真是有点辛苦。不过今天在我的厨房，你只要花上半个钟头，就能尝到美味的秘鲁菜哦！

秘鲁椒香烩饭

烹饪时间 20分钟

烘焙时间 0分钟

静置时间 0分钟

使用工具：

煮锅、平盘、炒锅、搅拌机

使用食材：

米饭	1碗
鸡胸肉	1个
红甜椒	1个
黄甜椒	1个
红辣椒	3根
洋葱	1/4个
法棍	半根
杏仁片	2大匙
无糖牛奶	200毫升
起司丝	2大匙
黑胡椒粉	适量

烹饪步骤：

❶ **煮鸡胸肉** 烧一锅水，水开了之后关火，将鸡胸肉放到锅里，用水的余热煮鸡胸肉，鸡肉的口感会变软嫩。

❷ **炒辣椒** 洋葱切片，红辣椒切段，黄甜椒、红甜椒去籽切片之后与切好的洋葱片和红辣椒段放到锅中，再加一部分杏仁片一起干煸翻炒，炒出焦香味。

❸ **打酱汁** 将上述步骤的食材倒入搅拌机中，倒入无糖牛奶，将其打成酱汁。

❹ **加面包** 将法棍切成小块，放到搅拌机里，和酱汁一起打匀。

❺ **加起司** 将酱汁倒入锅中加热，加入起司丝使酱汁更浓稠。

❻ **调味** 往锅里撒入黑胡椒粉。

❼ **刨鸡丝** 将煮好的鸡胸肉取出，用叉子往一个方向刮鸡胸肉，刨出鸡丝。

❽ **装盘** 将米饭放到盘子的一边，另一边摆上鸡胸肉丝。

❾ **收尾** 将酱汁倒在鸡胸肉丝上，米饭上撒上杏仁片，这道色香味俱全的椒香烩饭就完成了。

这道菜不仅有杏仁片的脆度，还有酱汁的软滑和鸡肉的鲜嫩，多种食材增加了这道菜的丰富度，吃起来很有层次，非常有趣。

秘鲁海鲜炖饭

海鲜，大家都爱吃，我们之前介绍过中国、东南亚、北美还有欧洲的海鲜，那么南美又是怎么吃海鲜的呢？跟我一起来看看，你就知道这么吃海鲜也很美味。

秘鲁海鲜炖饭

烹饪时间 20 分钟

烘焙时间 0 分钟

静置时间 0 分钟

使用工具：

炒锅、搅拌机、铸铁锅

使用食材：

米饭	1 大碗
虾	5 只
青椒	2 个
洋葱	1/4 个
番茄	1 个
鱿鱼	1/2 条
红辣椒	2 根
黄甜椒	1 个
莳萝	1 株
奶油	3 大匙
起司丝	2 大匙
橄榄油	适量

烹饪步骤：

❶ **熬虾汤**　开火，锅里倒入橄榄油，将洋葱去蒂切块，与熟虾剥下来的虾壳一起放入锅里煸炒，炒出香味后加水熬汤。

❷ **切菜** 将红辣椒切段；黄甜椒切片；青椒切段；番茄切丁；洋葱切块。

❸ **炒香** 将黄甜椒片、红辣椒段和洋葱块放进锅里，适当地翻炒加热，炒出辣椒的焦香味。

❹ **加入搅拌机** 将上述步骤食材放入搅拌机中。

❺ **搅拌** 将熬好的虾汤过滤出来，倒入榨汁机中和机中食材一起打碎打匀。

❻ **处理海鲜** 将虾仁的虾线挑掉，鱿鱼切成小段。

❼ **煸炒洋葱** 锅里放入橄榄油，煸炒洋葱块，将洋葱的香味炒出来。

❽ **加入食材** 将青椒段、番茄丁、海鲜倒入上述锅中一起翻炒。

❾ **倒入酱汁和白米饭** 待海鲜炒到八分熟，倒入打好的酱汁和米饭，将其炒匀，让米饭充分吸入汤汁。

❿ **加奶油和起司丝** 将奶油和起司丝倒入锅中拌匀。

⓫ **收尾** 将整锅食材移至铸铁锅里，撒上切碎的莳萝就可以享用美味了！

我以前看过一句话：世界上最温柔的饭就是炖饭，它温度适宜，不会油腻，在嘴里有温存的感觉。冬天吃很温暖，夏天吃又不会很腻。

沙茶牛肉面

沙茶从福建沿海传到了台湾之后，就成为了台湾家喻户晓的调味料，台湾人对它的喜爱就好像四川人喜欢豆瓣酱一样。沙茶不仅在台湾流行，在东南亚也很受欢迎，今天我就用沙茶做一道牛肉面，让你感受沙茶的魅力。

沙茶牛肉面

烹饪时间 20 分钟 | 烘焙时间 0 分钟 | 静置时间 0 分钟

使用工具：

炒锅、煮锅、滤网、漏勺

使用食材：

空心菜	100 克
油面	200 克
牛肉	200 克
鸡蛋	1 颗
红辣椒	2 根
葱	1 根
蒜末	适量
太白粉	1 匙
白胡椒粉	1 匙
沙茶酱	1 大匙
酱油	适量
盐	适量
植物油	适量
米酒	1 匙
芝麻油	适量

烹饪步骤：

❶ **切牛肉** 将牛肉切成片状，放入水晶碗里。

❷ **腌牛肉**　往水晶碗里倒入米酒、1匙酱油、蛋液、1匙盐、白胡椒粉、1匙沙茶酱，将其拌匀，腌制一会儿。

❸ **加太白粉**　加入太白粉，再倒入少许植物油拌匀。

❹ **切蔬菜**　将葱、红辣椒切小段，空心菜切成3~4厘米的小段。

❺ **牛肉过油**　锅里放植物油，油热好之后倒入腌好的牛肉，用筷子轻轻拨动锅里的牛肉，大概10秒后将牛肉捞出来控油备用。

❻ **炒蔬菜**　将上一步骤滤出的油舀出1匙，倒入炒锅里，倒入蒜末，将其炒香后倒入葱段和空心菜的梗翻炒。

❼ **调味**　倒入适量酱油、2匙热水，拌匀，边放边尝味道，如果味道不够的话，可以再加入一点儿沙茶酱。

❽ **煮面** 水烧开后，放入油面，待面条蓬起煮熟后捞出，放到上述步骤的锅里。

❾ **加菜调味** 将空心菜的叶子和辣椒放入锅中翻炒，如果觉得口味淡可以适量放一些盐。

❿ **加入牛肉** 将之前的牛肉倒入锅中，将其炒匀。

⓫ **收尾** 快出锅之前加入芝麻油，炒匀后就可以出锅了。

我以前吃过的沙茶面都会感觉有点油，但这道沙茶牛肉面没有这么油，而且还带有空心菜的甜味，非常美味。

鳝鱼意面

你去过台湾吗？如果你问台湾人，台湾哪里的小吃最好吃，百分之八十的人会跟你说是台南。台南曾经是个府城，繁华一时，却把台湾小吃都完整地保留了下来。今天，在我的厨房，我们就来尝尝台南的小吃到底有多好吃。

鳝鱼意面

烹饪时间 20 分钟

烘焙时间 0 分钟

静置时间 0 分钟

使用工具：

煮锅、漏勺、炒锅

使用食材：

意面	200 克
鳝鱼	200 克
洋葱	1/4 个
卷心菜	30 克
红辣椒	2 根
葱	1 根
蒜泥	1 匙
太白粉水	3 大匙
乌醋	1 大匙
酱油	1 大匙
白糖	1 匙
白胡椒粉	1 匙
盐	2 匙
植物油	适量

烹饪步骤：

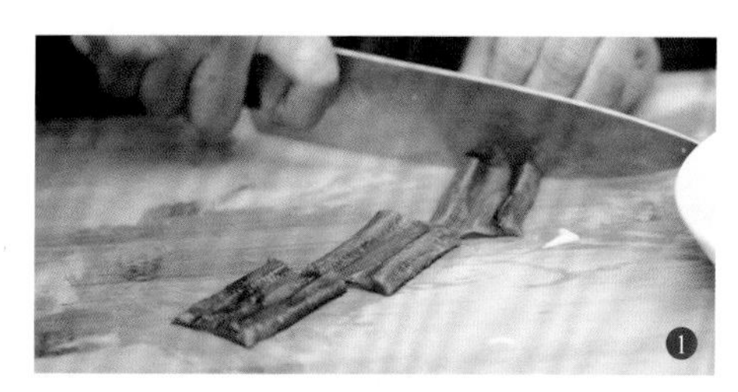

❶ **切鳝鱼** 鳝鱼洗净后切成小段。

❷ **切蔬菜** 红辣椒去籽后切成小段；洋葱切丝；卷心菜切丝；葱切段。

❸ **煸香**　锅里放入植物油，煸香洋葱丝和蒜泥。

❹ **放入其他配料**　往锅里放入红辣椒段、葱段、卷心菜丝。

❺ **煮面**　煮面前先往滚水里加盐，将意面放进锅里煮，煮好后将意面滤出备用。

❻ **烫鳝鱼**　鳝鱼段放到热水锅中焯烫后倒入炒配料的锅里。

❼ **调味** 倒入酱油、白糖，加入一点儿水煨煮食材。

❽ **加入意面** 将煮好的面条倒入锅中拌匀，让面条与汤汁充分接触，翻炒收汁。

❾ **勾芡** 加白胡椒粉后，再倒入太白粉水勾芡。

❿ **加入乌醋** 加乌醋翻炒均匀后即可出锅。

这道鳝鱼意面的鳝鱼软滑可口，又脆又嫩，可以让你吃到鳝鱼最原始的口感，蔬菜很多，所以吃起来会很清甜。乌醋的酸还会让你一边吃一边释放口水，也是此道菜的点睛之笔。

日式海鲜盖饭

日料大家都喜欢吃，日本料理多看重在刀工、摆盘和选料上。其实在家里面就有办法做出很棒的日料。今天在我的厨房，我就教大家做日料，当你宴请朋友时，大家一定会对你的手艺赞不绝口。

日式海鲜盖饭

烹饪时间 20 分钟

烘焙时间 0 分钟

静置时间 0 分钟

使用工具：

煮锅、喷枪

使用食材：

米饭	1 碗
多宝鱼	1 块
北极贝	8 个
蛏子	10 个
蛤蜊	12 个
甜虾	6 只
三文鱼	1 片
鲜贝	2 个
三文鱼子	少许
黄瓜	半根
葱	1 根
紫苏	3 片
熟白芝麻	少许
韩国辣酱	适量
美乃滋	适量
酱油	适量
冰块	适量

烹饪步骤：

❶ **焯蛤蜊**　水开了之后将蛤蜊放到锅中，焯30秒后捞出放入冰水中。

❷ **焯蛏子**　蛏子放入热水中，焯30秒后捞出放入冰水中。

❸ **剥肉** 将冰镇好的蛏子肉和蛤蜊肉剥出备用，蛤蜊肉和蛏子肉分别放在两个水晶碗里。

❹ **切葱** 将葱切成末状，分别放入装有蛤蜊肉和蛏子肉的水晶碗中。

❺ **拌蛤蜊肉** 往装有蛤蜊肉的水晶碗中加入半匙酱油和适量美乃滋，将其拌匀。

❻ **拌蛏子肉（做酱料）** 往装有蛏子肉的水晶碗中加入1/3匙韩国辣酱，少量酱油和美乃滋，拌匀备用。

❼ **清理北极贝** 用小刀将北极贝撬开，沿着北极贝壳的弧度将贝肉取出，清理北极贝的腺体，将北极贝清洗干净。

❽ **切生鱼片** 将三文鱼和多宝鱼都切成片。

❾ **切黄瓜** 将黄瓜切片。

❿ **烤鲜贝** 用喷枪烤一下鲜贝，烤至表面略焦即可。

⓫ **盛饭** 往米饭里加入切碎的紫苏和熟白芝麻，拌匀后倒入成品碗中。

⓬ **装碗** 在米饭上铺上甜虾、多宝鱼片、三文鱼片、北极贝肉、鲜贝、拌好的蛏子肉和蛤蜊肉、黄瓜片，再铺上三文鱼子即可。

这道料理的三文鱼子很特别，因为它既是食材，也是很棒的调味料。海鲜种类很多，所以海鲜盖饭的口感和味道很丰富、很有层次。假如你有机会去日本自由行，可以用一天去逛逛当地的市场，买上一点儿海鲜自己做做看，不仅便宜，说不定还是你在日本吃到的最棒的一餐。

简易握寿司

你可能觉得握寿司很简单，但对于一个日本人来说，握寿司非常难。从你开始当学徒，一直到站上料理台握第一个寿司给客人，需要花很长的时间去磨炼你的手艺。但是今天在我的厨房，我来教大家做一个非常简单的握寿司。

简易握寿司

烹饪时间 20 分钟

烘焙时间 0 分钟

静置时间 0 分钟

使用工具：

小刷子、保鲜膜、煮锅

使用食材：

米饭	400 克
柴鱼片	100 克
用酱烤过的鳗鱼	1 条
鲜贝	2 个
生鱼片	10 片
酱油	适量
味淋	适量
清酒	适量
白糖	3 大匙
黑芝麻	适量
白芝麻	适量

烹饪步骤：

❶ **熬酱汁** 将柴鱼片倒入锅中，按3∶2∶0.5的比例加入酱油、味淋和清酒，再加入白糖，拌匀后慢慢熬煮酱汁。

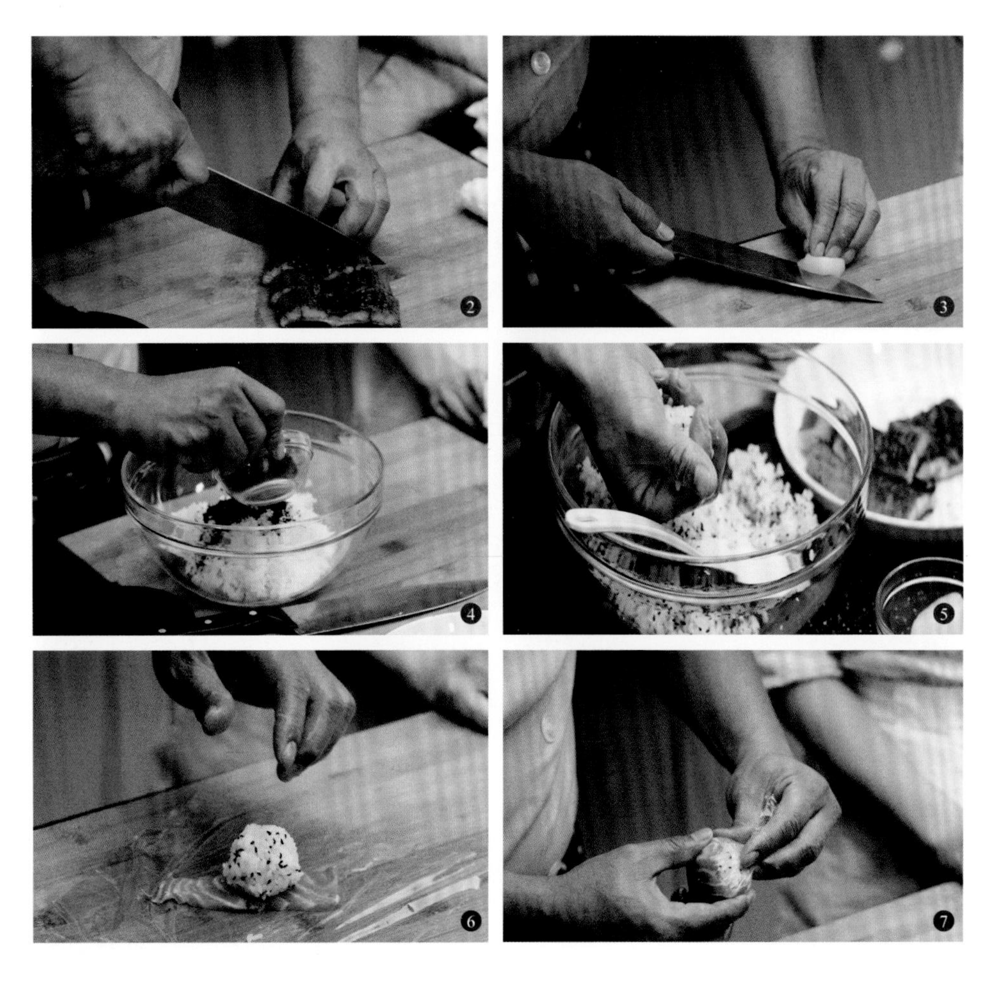

❷ **切鳗鱼**　将鳗鱼切成小块。

❸ **切鲜贝**　将鲜贝从中间横切剖开。

❹ **拌米饭**　将煮好的米饭倒入水晶碗中，加入黑芝麻和白芝麻后拌匀。

❺ **捏米饭球**　将手弄湿后抓起一小把米饭，边旋转边将米饭捏成球状。

❻ **摆装**　在砧板上铺上一小张保鲜膜，再铺上1片生鱼片，米饭团放在生鱼片上。

❼ **包寿司**　将保鲜膜连着鱼肉和米饭包起来，旋转拧紧保鲜膜，放在一边备用。

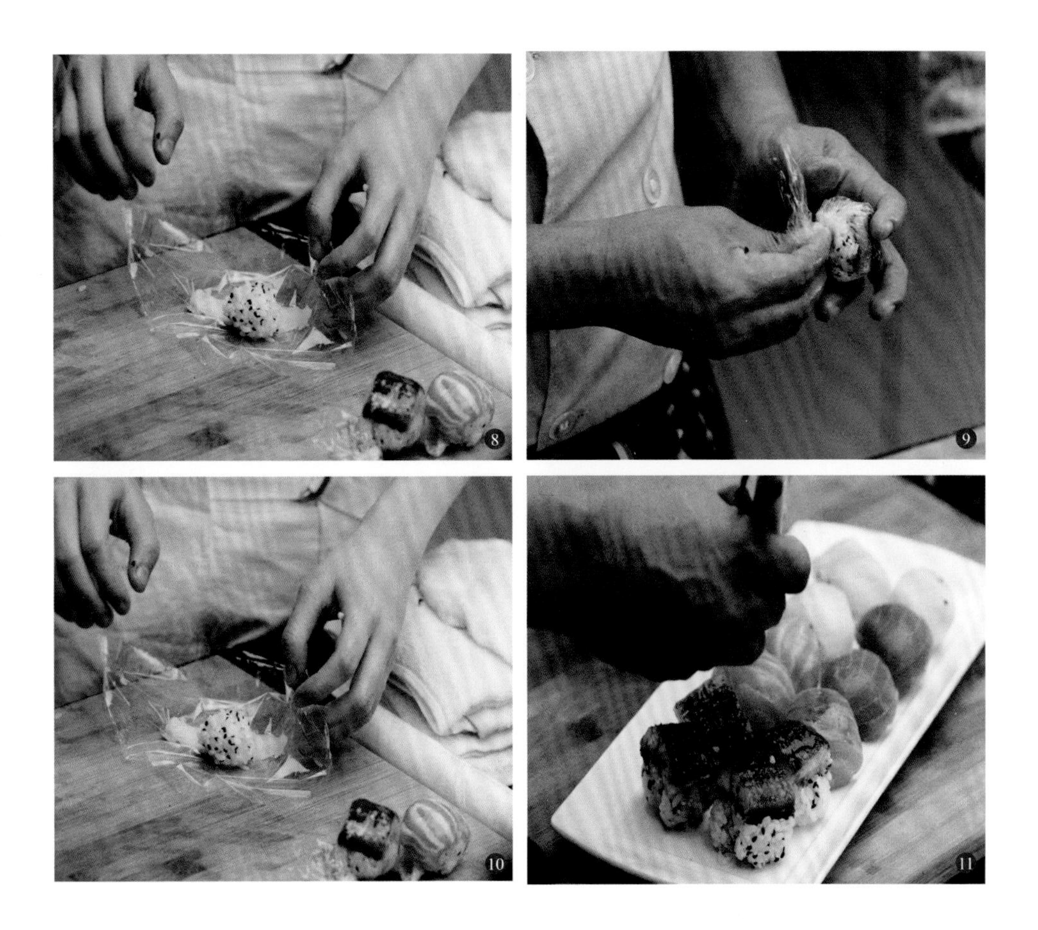

❽ **重复以上动作** 可以分别使用不同的生鱼片、干贝、鳗鱼等重复以上两个步骤，包出不同的握寿司。

❾ **拆开** 拆开之前再用力捏紧，确定它没有散开后将保鲜膜拆开，放到盘子上。

❿ **摆盘** 将包好的所有握寿司都拆开保鲜膜摆盘。

⓫ **刷酱汁** 将熬好的酱汁刷在寿司上就大功告成，吃的时候记得蘸点芥末酱和酱油，这样吃更美味。

这道握寿司真的很简单，制作过程也很有趣，可以带着孩子一起制作，享受一次特别的亲子互动。

日本寿司卷

你喜欢吃日本料理吗？如果提到日本料理，八九不离十，你第一个想到的一定是寿司卷。寿司卷在日本料理当中有着举足轻重的地位。它该怎么样卷？里面有什么样的食材呢？

日本寿司卷

烹饪时间 20 分钟

烘焙时间 0 分钟

静置时间 0 分钟

使用工具：

寿司帘、平底锅、保鲜膜

使用食材：

鸡蛋	2 颗
米饭	4 碗
寿司醋	4 大匙
酱烤过的鳗鱼	1 条
三文鱼	50 克
牛油果	1/2 个
黄瓜	1 根
海苔	2 片
蟹子	50 克
美乃滋	适量
橄榄油	适量

烹饪步骤：

❶ **做蛋皮** 将鸡蛋打匀，往锅里倒入橄榄油，再倒入蛋液，烙成蛋皮。

❷ **做醋饭** 在米饭中加入寿司醋，将其拌匀。

❸ **切食材** 分别将黄瓜、蛋皮、鳗鱼、三文鱼、牛油果都切成长条状。

❹ **拌美乃滋蟹子酱** 往水晶碗里挤入适量美乃滋，加入蟹子拌匀。

❺ **铺海苔和米饭（海苔在外的内卷寿司）** 将保鲜膜铺在寿司帘上，铺上海苔，再将醋饭均匀地铺在海苔上。

❻ **铺食材** 将黄瓜条、蛋皮条、鳗鱼条铺在醋饭的一端，沿着这些食材的方向铺一层美乃滋蟹子酱。

❼ **卷起来** 从放食材的那端开始，用寿司帘将寿司卷起来，将卷好的寿司卷放在一边备用。

❽ **铺海苔和米饭（海苔被卷在里面的外卷寿司）** 重复之前的动作，将保鲜膜铺在寿司帘上，铺上海苔，再将醋饭均匀地铺在海苔上。

❾ 铺蟹子 用匙子将蟹子均匀地铺在醋饭上，用手连着海苔和醋饭一起翻转过来，使蟹子接触保鲜膜，海苔朝上。

❿ 铺食材 将蛋皮条、三文鱼条、黄瓜条、鳗鱼条、牛油果块铺在海苔的一端。

⓫ 卷寿司 从放食材的那端开始，用寿司帘将寿司卷起来。

⓬ 切寿司 用蘸过醋水的刀将两种不同的寿司卷切成一口大小，将包裹在外的保鲜膜取下。

⓭ 摆盘 取成品盘，将寿司卷摆在成品盘上就可以享用美味了。

一个好的寿司卷应该呈现的是一个日文的“の”字形，快来试试你的寿司卷是不是这样的。

日本散寿司

你有没有想过：一间日本料理餐厅卖了握寿司，卖了生鱼片后，它剩下的这些修边的鱼肉、甜虾或是贝类等食材都跑去哪里了？厨师们把剩下的边角料食材做成一道散寿司，它不仅好吃，还经济实惠。在日本料理店，散寿司比握寿司或生鱼片便宜很多，但是它的美味绝对不输哦。

日本散寿司

烹饪时间 20分钟

烘焙时间 0分钟

静置时间 0分钟

使用工具：

平底锅

使用食材：

米饭	200克
鸡蛋	2颗
日式红姜	5片
酱烤过的鳗鱼	1条
鲜贝	3个
三文鱼	100克
牛油果	1/2个
海苔丝	50克
黄瓜	1/2根
三文鱼子	50克
寿司醋	4匙
橄榄油	适量

烹饪步骤：

❶ **打蛋** 将鸡蛋打匀。

❷ **做蛋皮** 往锅里倒入橄榄油，再倒入蛋液，烙成蛋皮。

❸ **做醋饭** 米饭中加入寿司醋，将其拌匀。

❹ **切食材** 将蛋皮切成丝；黄瓜切成小片；三文鱼切丝；日式红姜切碎；鳗鱼切小块；鲜贝切片备用。

❺ **切牛油果** 牛油果去皮后切成小块状。

❻ **拌匀食材** 将之前切好的所有食材和海苔丝放入醋饭中，再倒入三文鱼子，将其充分拌匀。

❼ **盛盘** 将拌好的散寿司倒进成品盘中。

❽ **铺牛油果** 将牛油果块均匀地铺在散寿司上。

❾ **撒海苔丝** 撒上海苔丝就大功告成了。

与寿司卷和握寿司比起来，散寿司在制作工序上没有那么讲究，但是它的味道的丰富度却能让你满足。小小的一碗米饭，却可以尝到不同的味道。

猪油拌菜饭

花莲啊，大家都说好山好水好风光，为什么？因为那边太舒服了。花莲的畜牧业非常发达，它的牛、猪都养得很好，所以花莲的肉品非常棒。猪油拌菜饭也因此而得到大家的喜爱，一口吃下去，多种食物的味道填满你的味蕾，香而不腻。

猪油拌菜饭

烹饪时间 20 分钟

烘焙时间 0 分钟

静置时间 0 分钟

使用工具：

炒锅、平底锅、陶锅、保鲜袋

使用食材：

五花肉	100 克
米饭	200 克
瓢儿菜	3 棵
剥皮辣椒	5 根
五香粉	适量
酱油膏	适量
熟白芝麻	适量
盐	1 匙
酱油	适量

烹饪步骤：

❶ **炼制脆哨** 将五花肉的肥肉部分切小块入锅炼制，待猪油炼出后，将金黄色的脆哨和猪油滤出备用。

❷ **切瘦肉** 将五花肉的瘦肉部分逆纹切成片状备用。

❸ **切瓢儿菜**　将瓢儿菜切成丝。

❹ **腌瓢儿菜**　将切好的瓢儿菜丝放入保鲜袋中，倒入盐，将保鲜袋绑紧后，摇晃保鲜袋，将盐和瓢儿菜丝摇匀，静置备用。

❺ **切剥皮辣椒**　将剥皮辣椒切成小块备用。

❻ **炒瘦肉**　锅中加入煸出来的猪油，将瘦肉倒进锅中翻炒。

❼ **挤出菜汁**　旋转拧紧保鲜袋，在保鲜袋的一角切一个小口，挤出菜汁放在一边备用。

❽ **加入瓢儿菜**　将瓢儿菜丝倒入炒瘦肉的锅中。

❾ **加水调味** 往锅里加入之前挤出来的菜汁、剥皮辣椒汁、五香粉，再倒入适量的水煨煮食材。

❿ **加入米饭** 加入米饭煨煮，让米饭去吸收汤汁。

⓫ **炒匀** 加入剥皮辣椒，将米饭和所有的食材炒匀，待汤汁差不多收完时，将米饭倒入加热的陶锅中。

⓬ **收尾** 将煸猪油时留下的猪肉脆哨倒入锅中，淋上酱油膏和一点点酱油，放一点儿切好的剥皮辣椒，再撒上熟白芝麻就大功告成了。

吃之前记得将所有食材拌匀。在这道猪油拌菜饭中，炸过的猪肉会多一种焦香味在里面，它会和米饭的软度、剥皮辣椒的酸甜以及瓢儿菜的清香融合在一起，口感上是非常令人满足的。

泰式水果黑糖面

我想在世界各地，不管是北美、欧洲，还是东南亚，都会有一个地方叫作Chinatown（唐人街），也就是中国城。我曾经在曼谷的Chinatown（唐人街）吃过一种很特别的面，它很像碱水面，但不一样的是，它竟然是甜的。很难想象吧，那就快来跟我看一看，这个甜的面到底有多好吃呢？

泰式水果黑糖面

烹饪时间 15分钟

烘焙时间 0分钟

静置时间 0分钟

使用工具：

不锈钢盆、滤网、煮锅、剪刀

使用食材：

碱水面	300克
剥皮柚子	2块
奇异果	2个
芒果	1个
菠萝	2片
黑糖	200克
冰块	适量
熟花生仁	适量

烹饪步骤：

❶ **切芒果** 将芒果去皮后切成小块备用。

❷ **切菠萝** 将菠萝切成小块备用。

❸ **切奇异果** 将奇异果去皮后切成小块备用。

❹ **熬糖水** 将黑糖倒入水中，开火熬煮糖水。

❺ **准备冰水** 取一不锈钢盆，将冰块倒入水中。

❻ **冷却糖水** 将熬好的糖水放入较小的不锈钢盆里，将小盆放入冰水中，使其降温。

❼ **煮面** 将碱水面放到滚水里，煮熟后用滤网捞起。

❽ **过糖水降温**　将煮好的面条倒入糖水中，使其降温。

❾ **装碗**　将降温后的面条捞出放到碗里，如果面条太长，就用剪刀剪断。

❿ **倒糖水**　在装有面条的碗里倒入两大汤匙的糖水。

⓫ **加水果**　将切好的菠萝块、芒果块、奇异果块和剥皮的柚子装到碗里，再撒上适量熟花生仁就可以开始这次新奇的甜味面条之旅了。

这碗水果黑糖面的冰凉是从面芯里透出来的，非常清甜。詹姆士曾在泰国吃的那碗黑糖面可比我们这碗甜5倍！即便这样，也丝毫都不觉得这碗面会过分甜腻，因为各种带有酸味的水果中和了这份甜味。这么充满新意的美食，难道你不想赶紧在自己的厨房里试一试吗？

日式荞麦凉面

你喜欢吃荞麦面吗？喜欢吃日本的荞麦面吗？喜欢吃日本冰凉的荞麦面吗？今天，我就会给大家呈现一道冰凉的日本荞麦面。烹饪过程中有一个步骤非常关键，就是搓揉面条，具体怎么做呢？快来跟我看看吧！

日式荞麦凉面

烹饪时间 10分钟

烘焙时间 0分钟

冷却时间 5分钟

使用工具：

寿司帘、煮锅、小碟

使用食材：

荞麦面条	200克
鸡蛋	2颗
葱末	适量
昆布酱油	10毫升
柴鱼酱油	200毫升
七味粉	适量
芥末	少许
冰块	适量
海苔丝	适量

烹饪步骤：

❶ **煮温泉蛋** 1000毫升的水烧开后关火，立即加入300毫升的冷水中和（开水和冷水的比例一定要精准），放入鸡蛋，盖上锅盖泡7分钟。

❷ **做酱汁**　取水晶碗，加入柴鱼酱油、昆布酱油和80毫升的水，拌匀后放入冰箱的冷冻室中降温。

❸ **煮面**　烧开水，将荞麦面条煮熟。

❹ **取出温泉蛋**　鸡蛋在"温泉水"里泡了7分钟后，立即将鸡蛋取出放到冷水里降温。

❺ **冷却荞麦面**　将煮熟的荞麦面捞出放到冷水中冷却。

❻ **搓揉荞麦面**　冷却后将荞麦面转入第二碗冷水中，反复搓洗，将表面多余的淀粉搓掉，再放入第三碗有冰块的冷水中，反复搓揉荞麦面。

❼ **做调味料**　取一小碟，加入适量葱末、七味粉，再挤上少许芥末。

❽ **准备温泉蛋** 将温泉蛋打入碗中备用，取出之前冷冻降温的酱汁，将其倒入碗里。

❾ **装盘** 将煮好的面条装盘。

❿ **撒上海苔丝** 在荞麦面上撒上海苔丝就大功告成了。

这道面的口感非常筋道，吃面条时要大口吸才能感受酱汁带来的美妙，你一定会感觉好吃到停不下来。

凉拌萵笋意大利面

大家都爱吃面食，天气炎热时，你会选择什么样的面食呢？当然，凉面一定是首选。意大利也吃凉面，只是做法稍有不同，你应该比较少机会能吃到意大利面的凉面。今天在我的厨房里，我就给你看看意大利面的凉面是什么样。

凉拌莴笋意大利面

烹饪时间 15分钟

烘焙时间 0分钟

静置时间 0分钟

使用工具：

保鲜袋、滤网、煮锅

使用食材：

意大利面	200克
虾	4只
莴笋	1根
番茄	1个
洋葱	1/4个
蒜末	1大匙
墨西哥辣椒	2根
罗勒叶末	适量
香菜末	适量
巴萨米克醋	适量
橄榄油	适量
白醋	少许
盐	适量
黑胡椒粉	适量
冰块	适量

烹饪步骤：

❶ **煮虾** 水烧开后，在水中加入少许白醋，将虾放入滚水中煮熟。

❷ **腌莴笋** 将莴笋切丝，放到保鲜袋中，往保鲜袋里撒2匙盐，将莴笋丝和盐充分揉匀，密封放在一边备用。

❸ **制作莎莎酱（备料）** 将番茄、洋葱、墨西哥辣椒切丁，放到水晶碗中，再加入蒜末、香菜末和罗勒叶末，将所有食材拌匀。

❹ **制作莎莎酱（调味）** 加入橄榄油、盐、黑胡椒粉调味拌匀，将制作好的莎莎酱放在一边备用。

❺ **剥虾** 将煮好的虾捞起放入冰块水中冷却，剥出虾仁去虾线备用。

❻ **煮面** 煮面前，先在滚水里加入2匙盐，将面放入锅中，煮的过程中往锅里放入少许橄榄油，这样面和面就不会黏在一起。

❼ **冷却面条** 将煮好的面放到冰水中，稍加搓揉面条确保其冷却，和冰块接触后，面条会变得紧实有嚼劲。

❽ **拌面** 将煮好的面条放到莎莎酱中拌匀，让面条把莎莎酱的水分都吸进去。

❾ **装盘** 将拌好的意面放入成品盘中，将虾切头切尾后摆盘，铺上剩余的莎莎酱和腌好的莴笋丝，再淋上橄榄油和巴萨米克醋就大功告成。

在炎热的夏天，吃上这样一道清凉的料理，简直爽翻了。酸酸甜甜，很清爽，虾子鲜甜，莴笋脆口，在夏天吃会很舒服。

沙拉凉面

我曾经吃过一道冷菜，说它是沙拉，但是它里面又有面条。说它是凉面呢，它又像是沙拉。总之我今天做出来，你来看看它到底是凉面还是沙拉？

沙拉凉面

烹饪时间 15分钟　烘焙时间 0分钟　冷却时间 5分钟

使用工具：

滤网、煮锅、小刀、漏网

使用食材：

鸡蛋面	200克
赤贝	1个
豆芽	50克
卤肉	5片
西生菜	1棵
黄瓜	1根
柠檬	1个
番茄	1个
洋葱泥	适量
姜泥	适量
蒜泥	适量
黄芥末	适量
海带芽	适量
芝麻油	适量
酱油	2匙
味淋	1匙
清酒	1匙
冰块	适量

烹饪步骤：

❶ **取赤贝肉**　用小刀撬开赤贝，沿着壳切下贝柱取出贝肉，将贝肉洗干净，放到冰水里冰镇备用。

❷ **切黄瓜和番茄** 将黄瓜切丝后，放入冰水中备用，再将番茄切片备用。

❸ **切西生菜** 将西生菜撕碎后放到冰水中备用。

❹ **做酱汁（第1步）** 往水晶碗里放入酱油、味淋和清酒。

❺ **做酱汁（第2步）** 在上述水晶碗中加入蒜泥、姜泥、洋葱泥和黄芥末，挤入柠檬汁，再淋上芝麻油，将酱汁拌匀。

❻ **煮面** 将鸡蛋面煮熟后放入准备好的冰块水中冷却。

❼ **拌面** 将面条捞出后放入酱汁中，拌匀后将面条装盘。

❽ **煮豆芽** 将豆芽稍微煮一会儿，放到冰水中冷却。

❾ **切赤贝肉** 将赤贝肉切成薄片备用。

❿ **装盘** 在面条上铺上西生菜片、豆芽、番茄片、卤肉片。

⓫ **收尾** 铺上黄瓜丝、赤贝肉，淋上剩余的酱汁，再放上海带芽就完成啦。

面条被藏在各种食材下面，看起来就像沙拉，用这道菜来招待朋友，当朋友吃到藏着的面条时，会感到很惊喜。这道菜吃起来冰冰凉凉很舒服，你说它到底是凉面呢还是沙拉呢？

烧腊饭

大家熟悉的调味料，无外乎就是油盐酱醋等，但在我的厨房，有一种调味料不可或缺，它就是酒。我的厨房有各式各样的酒来搭配各式各样的料理。日本人曾说“一滴入魂”，对我来说这就是一滴酒对料理产生的影响，你也试试看。

烧腊饭

烹饪时间 40 分钟

烘焙时间 0 分钟

浸泡时间 20 分钟

使用工具：

电饭锅、小刀、煎锅

使用食材：

腊肠	2 根
肝肠	2 根
腊肉	1 块
鸡蛋	1 颗
红葱头	2 个
红辣椒	1 根
黄酒	1 匙
香米	2 杯
酱油	适量
盐	适量
芝麻油	适量
橄榄油	适量

烹饪步骤：

❶ **洗米**　将香米表面的淀粉洗掉，这样煮出来的米饭才会粒粒分明，洗的时候轻一点儿，小心别把米洗断，煮饭前先将香米用水浸泡20分钟。

❷ **给米饭调味** 洗好的香米倒入电饭锅的内胆中，米饭是2杯量杯的量，所以加水加到内胆刻度2的位置，往锅里倒入 1匙盐，这样煮出来的米饭会更香，再滴入 1滴橄榄油，米饭会更油亮。

❸ **戳孔** 用叉子在肝肠、腊肠上戳一些小孔，这样在后续步骤中能让它们的香气渗透到米饭中。

❹ **干煎** 干锅煎肝肠、腊肠、腊肉，煎出香气即可放入少量芝麻油和事先切好的红葱头末，炒匀。

❺ **煮饭** 将煎好的肝肠、腊肠、腊肉、红葱头末倒入电饭锅里，再往锅里倒入一点点酱油就可以煮饭了。

❻ **做酱汁** 红辣椒切碎后放到小水晶碗里，倒入酱油。

❼ **加鸡蛋** 当电饭锅跳到“保温”之后，往电饭锅里打入一颗生鸡蛋，再次按“煮饭”，将鸡蛋焖熟。

❽ **取出腊味** 将蒸好的腊味取出。

❾ **切腊味** 将腊肉切成片状，腊肠、肝肠切成粒状，再放回电饭锅里。

❿ **加黄酒** 往锅里加入黄酒，让酒香融入米饭。

⓫ **出锅** 将锅里的所有食材用匙子搅匀，倒入盘中，家里有砂锅的可以倒入砂锅中，更有氛围。

米饭浇一点儿之前拌好的酱汁会更美味，酱汁带点微微辣，米饭肉味十足，却丝毫不显油腻，听说香港很多人吃腊味饭都会点这样的一份酱汁哦！

第二章

来自北纬49°的美食

那些遥远的美味其实近在咫尺

白酒蛤蜊意大利面

自从人类喝了发酵过的葡萄汁后就爱上了那种眩晕的感觉，于是产生了酒。不同的国家有着不同的文化，不同的文化酝酿出种类不同的酒，比如法国的红酒、中国的白酒、英国的威士忌，这些都是非常经典的名酒。今天在我的厨房，我们不是要来喝酒，而是教大家如何用酒入菜。

白酒蛤蜊意大利面

烹饪时间 20分钟 | 烘焙时间 0分钟 | 静置时间 0分钟

使用工具：

煮锅、炒锅、夹子、漏匙

使用食材：

意大利面	200克
蛤蜊	500克
蒜	3瓣
洋葱	1/4个
红辣椒	1根
罗勒叶	10片
橄榄油	适量
白葡萄酒	1杯
黑胡椒粉	适量

烹饪步骤：

❶ **煮意大利面** 烧一锅热水，将意大利面放到热水里煮8分钟。

❷ **切配菜** 蒜切片；洋葱切丁；红辣椒切小段备用。

❸ **倒橄榄油** 炒锅里倒入适量的橄榄油。

❹ **炒酱料** 锅里加入蒜片和洋葱末，将其炒香。

❺ **放蛤蜊** 待蒜片微微变色后就可以将蛤蜊倒入锅中翻炒。

❻ **加酒** 锅里倒入白葡萄酒和适量水，锅内会起火焰，把酒味烧掉后就会留下白葡萄酒的甜味。

❼ **倒入橄榄油** 倒入一点儿橄榄油，摇晃炒锅，借由摇晃的过程让橄榄油和汤汁结合，也可以辅助锅里的蛤蜊开壳。

❽ **取出开壳蛤蜊** 用夹子或筷子将锅里开壳的蛤蜊取出，放到盘子里。

❾ **加入意大利面** 将煮软的意面放到炒蛤蜊的锅里，所谓"原汤化原食"，舀一匙之前煮面的汤倒入锅中，再翻炒面条。

❿ **调味** 往锅里加入罗勒叶、黑胡椒粉和红辣椒段。

⓫ **出锅** 将面条等食材倒入装有开壳蛤蜊的盘子里就大功告成了。

葡萄酒佐餐大有讲究，以前是红肉配红酒，白肉搭白酒。但现在发生了改变，除了红肉要配红酒外，其他的美食可以根据酱汁来搭配美酒，如果酱汁偏浓重就用红酒，清淡一点儿就可以配白酒，这里所说的白酒可是白葡萄酒哦！

法式草莓可丽饼

人们都说料理无国界，小时候看到一种甜品，我一直以为是台湾特产，没想到到了日本后也见到了它，于是我想：那它会不会是日本的呢？结果我错了，这道甜品其实来自法国，到底是什么样的甜品呢？跟着我来看看，你就知道了。

法式草莓可丽饼

烹饪时间 20 分钟　　烘焙时间 0 分钟　　静置时间 0 分钟

使用工具：

打蛋器、平底锅、搅拌机、滤网

使用食材：

低筋面粉	80 克
荞麦粉	40 克
鸡蛋	2 颗
牛奶	200 毫升
草莓	10 颗
柠檬	1 个
黄油	适量
橄榄油	少许
白砂糖	3 匙
淡奶油	1 盒
白兰地	适量

烹饪步骤：

❶ **倒入牛奶**　将低筋面粉和荞麦粉倒入水晶碗中，加入牛奶。

❷ **做面糊**　水晶碗里加入少量黄油和鸡蛋，再加一点点橄榄油，用打蛋器将所有食材搅匀。

❸ **烙饼皮** 用少量橄榄油抹匀锅底，倒入拌好的面糊，摇动平底锅，将其摊成圆饼状装盒备用。

❹ **切草莓** 草莓蒂头切掉后，再切成片，把一部分草莓片倒入锅里，挤入少许柠檬汁（挤柠檬汁时可用滤网过滤）。

❺ **熬草莓酱** 锅里加入白砂糖和适量的水，开小火熬煮草莓酱。

❻ **打发奶油** 将淡奶油放入搅拌机中，将淡奶油打发。

❼ **拌匀奶油和草莓** 将另一半没有入锅的草莓放到水晶碗里，与打发好的奶油一起拌匀。

❽ **包可丽饼** 将饼皮铺在砧板上，铺上拌好的奶油和草莓。

❾ **装盘** 用刀将可丽饼切成两半，装盘。

❿ **淋草莓酱** 将熬好的草莓酱淋在可丽饼上，草莓酱不要全部淋完，要留一点儿。

⓫ **加白兰地** 继续加热剩下的草莓酱，往锅里加入少量白兰地酒再熬一小会儿。

⓬ **第二次淋酱汁** 将加了白兰地后的酱汁淋在可丽饼上就大功告成。

两种不同做法的酱汁给味蕾两种不同的体验，酱汁微微带酸，不会很甜，非常爽口。你可以准备一点儿糖霜，吃之前撒在可丽饼上，会让你体会到甜中带点温和的口感。家里要是有客人来，可以试试这道很棒的甜品。

法式海鲜前菜

在法国，米其林就是法国料理的一个代言。我曾经去过法国，也去过一些米其林餐厅，这些餐厅花了很多时间和心思让食物变得更好吃。这次就给大家做一道米其林餐厅的料理，让大家看看，米其林到底有多厉害。今天，就先从前菜开始吧。

法式海鲜前菜

烹饪时间 40 分钟

烘焙时间 0 分钟

冷却时间 20 分钟

使用工具：

保鲜袋、煮锅、铁盘、滤网、纱布、喷枪

使用食材：

黄鱼	1 条
虾	3 只
鲜贝	4 个
北极贝	2 个
芦笋	2 根
洋葱	1/3 个
白兰地	1 小杯
白葡萄酒	适量
吉利丁片	1 片
美乃滋	2 大匙
黄芥末	1 大匙
植物油	适量
盐	适量
橄榄油	适量
冰块	适量

烹饪步骤：

❶ **处理黄鱼** 将黄鱼头尾切断，鱼身骨肉分离，放在一边备用。

❷ **处理虾** 用剪刀剪断虾头，去除虾线备用；洋葱切丝备用。

❸ **煸炒鱼汤底料** 炒锅中放入少量植物油，将洋葱丝炒香，放入鱼头、鱼骨、鱼尾、虾头，将其炒匀炒香。

❹ **熬汤** 锅中倒入白兰地，翻炒后加入适量的水，再加入一杯白葡萄酒，熬煮。

❺ **调味** 锅中放1匙盐。

❻ **过滤鱼汤** 将泡软的吉利丁片放入水晶碗中，用纱布和滤网将鱼汤过滤到水晶碗里，再用匙子搅拌，吉利丁片会因为受热而溶化在鱼汤中。

❼ **冷藏鱼汤** 鱼汤倒入平盘中放入冰箱中冷藏，鱼汤因为吉利丁片的作用会变成布丁状。

❽ **处理北极贝** 用刀将北极贝的性腺和内脏去掉后，洗净。

❾ **切芦笋** 将芦笋切成小段备用。

❿ **焯煮食材** 烧一锅水，待水滚之后倒入适量白葡萄酒降低水温，同时能帮助去除焯烫食物的腥味，放入芦笋段焯熟后捞出关火，用水的余温焯烫北极贝肉和虾肉。

⓫ **冷却食材** 将提前放到冰箱里冷冻的铁盘取出，在铁盘下面放一层冰块，使其保持低温状态，将烫煮过的贝肉、虾和芦笋段放到铁盘上降温。

⓬ **腌鱼肉** 在鱼肉上均匀撒盐，用刀在鱼背上划几刀（不要将鱼切断），防止鱼肉在受热的过程中卷起来。

⓭ **煎鱼肉** 锅热了之后倒入橄榄油，转小火，鱼皮朝下放入锅中，煎至变色后关火，翻面，用锅的余热“煎”鱼肉，再把鱼肉放到铁盘上降温。

⓮ **烤鲜贝** 用喷枪稍微烤一下鲜贝，直到烤出一点儿鲜贝香即可。

⓯ **充分降温** 将铁盘里的食材翻面，使其可以充分降温。

⑯ **做酱料** 保鲜袋里倒入美乃滋、黄芥末，充分揉匀，用刀在保鲜袋的一角切一个小口备用。

⑰ **组装** 将冷藏的汤底取出，将所有食材组装。

⑱ **点缀酱料** 用揉匀的酱料在盘子上点缀一圈。

⑲ **淋橄榄油** 在成品上淋上少许橄榄油调味，精致的米其林餐厅海鲜前菜就完成了。

这道米其林海鲜前菜的鱼肉很软嫩，芦笋很有脆度。虽然海鲜没有放盐，但鱼汤冻的咸味和它们做了结合，完美地呈现出了食材的原汁原味。鱼冻在口腔里慢慢溶化，你可以享受充斥在鼻腔和口腔里的浓郁香味。

意大利蒜味虾

你认为西餐是什么？除了法式、英式、意式、俄式、美式，西餐还有一个领域，叫作地中海式的料理，他们的烹调方式都非常简单，今天我要做的菜就是一道地中海料理，只要把食物的原汁原味做出来，然后与橄榄油结合就可以了，非常好吃！你看了就会知道。

意大利蒜味虾

烹饪时间 20 分钟

烘焙时间 1 分钟

静置时间 0 分钟

使用工具：

烤箱、平底锅、剪刀

使用食材：

法棍	1/2 根
虾	15 只
蒜	10 瓣
欧芹	适量
干辣椒	适量
橄榄油	适量
盐	适量
黑胡椒粉	适量

烹饪步骤：

❶ **切蒜末**　将蒜切成蒜末备用。

❷ **烤法棍**　将法棍切片，放入烤箱中烤至酥脆，拿出备用。

❸ **切虾**　先用牙签将虾线去除，再剥去虾头和虾壳（保留虾尾部的壳），将去壳的虾排列整齐，从中间对半切开，切到尾巴即可，不要切断。

❹ **撒盐**　将切好的虾放入盘中，撒上适量的盐。

❺ **撒黑胡椒**　将黑胡椒粉撒在虾上，搅拌均匀。

❻ **剪辣椒**　将干辣椒用剪刀剪成小段备用。

❼ **加橄榄油**　在锅中加入适量的橄榄油。

❽ **加蒜末** 将切好的蒜末倒入有橄榄油的锅中大火煸炒，煸炒至橄榄油中有蒜香即可。

❾ **加干辣椒** 将干辣椒段倒入锅中煸炒。

❿ **加入欧芹** 将欧芹以及适量的盐倒入锅中煸炒。

⓫ **加虾** 将虾倒入锅中，煸炒至虾熟即可。

⓬ **装盘** 将锅中的虾以及所有调料倒入碗中。

⓭ **摆盘** 将烤好的法棍摆盘，在虾上撒上黑胡椒粉即可享用。

蒜味虾搭配烤脆的法棍简直太好吃了！法棍特别脆，蒜味和虾肉本身的味道融合在一起，味道太惊喜了！

花菜浓汤

人类往往会费尽心思用尽各种方法，只是为了品尝到一口美味，例如法国人。今天我会用一整颗花椰菜去做一道法式花菜浓汤，你能想象得到吗？看看就知道了。

花菜浓汤

烹饪时间 10分钟

烘焙时间 0分钟

静置时间 0分钟

使用工具：

炒锅、煮锅、搅拌机

使用食材：

白花椰菜	1颗
盐腌火腿	4片
生蛋黄	1个
欧芹	少许
牛奶	300毫升
奶油	200毫升
盐	2匙
黑胡椒粉	适量
橄榄油	适量
白葡萄酒	3大匙

烹饪步骤：

❶ **切白花椰菜** 把白花椰菜去掉菜心，切成小朵，只要花蕊。

❷ **煮白花椰菜** 待水开后，加入白葡萄酒，放入白花椰菜焯烫。

❸ **煎火腿** 将盐腌火腿放入锅中，煎至焦黄即可。

❹ **切火腿** 将煎好的盐腌火腿切小片备用；欧芹切末备用。

❺ **搅拌白花椰菜** 将煮好的白花椰菜捞出放入搅拌机，依次加入牛奶和奶油进行搅拌，再加入生蛋黄搅拌均匀。

❻ **加热浓汤**　将搅拌均匀的汤汁倒入锅中加热，加入盐和少量盐腌火腿。

❼ **装盘**　将加热好的浓汤倒入碗中。

❽ **加橄榄油**　依次加入适量黑胡椒粉、欧芹，再加入盐腌火腿片和橄榄油即可享用。

花菜浓汤奶香味十足，口感绵密，盐腌火腿使浓汤的香味更浓郁，加入橄榄油后，口感会更加顺滑。

炭烤牛排

你觉得烤牛排难吗？要烤到外面皮酥脆，里面多汁爽口，还要顾虑烤三分熟、五分熟还是七分熟，甚至是全熟。难不难？很难！但是今天你看了这个以后，就不会觉得难了。

炭烤牛排

烹饪时间 30 分钟 | 烘焙时间 0 分钟 | 静置时间 0 分钟

使用工具：

烧烤炉、烧烤夹、锡箔盒

使用食材：

肋眼牛排	2 块
小番茄	适量
芦笋	3 根
蒜	4 瓣
洋葱	1 个
香菜	适量
盐	适量
橄榄油	适量
巴萨米克醋	适量
黑胡椒粉	适量
柠檬	1 个
韩国辣酱	1 匙
酱油	150 克
味淋	100 克
清酒	50 克

烹饪步骤：

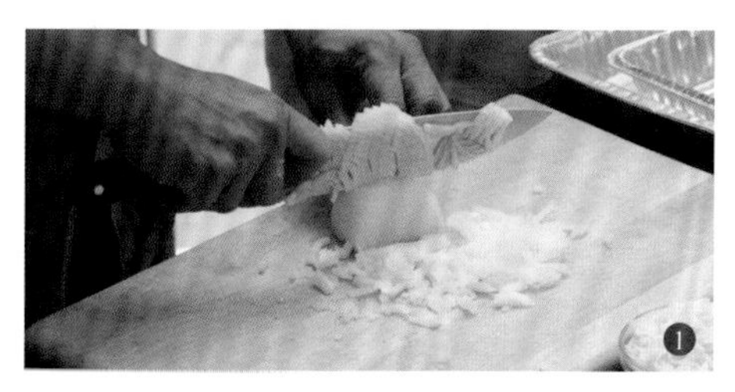

❶ **切洋葱** 把蒜、洋葱切碎，放入锡箔盒备用。

❷ **做酱汁** 将酱油、味淋、清酒依次倒入装有蒜末和洋葱末的锡箔盒中。

❸ **加柠檬汁** 将柠檬切开，挤出柠檬汁，加进装有酱料的锡箔盒中搅拌均匀。

❹ **加辣酱** 加入韩国辣酱搅拌均匀。

❺ **撒盐** 将盐均匀地洒在牛排上。

❻ **烤配菜** 将牛排、小番茄和芦笋放在烧烤炉上烤。

❼ **烤牛排** 将烤好的配菜拿出，大火烤牛排。

❽ **放置牛排** 先将牛排中的水分烤出，烤至牛排外有小水泡，拿出牛排放入盘子静置3分钟，再继续烤（重复3次），可以用竹签插进牛排中试看成熟度。

❾ **切芦笋** 将芦笋切成小段备用。

❿ **拌配菜** 将烤好的小番茄以及切碎的香菜和芦笋段放碗中，加入适量橄榄油、巴萨米克醋、黑胡椒粉、盐搅拌均匀。

⓫ **蘸酱汁** 将已经烤了3次的牛排放进酱汁中蘸匀。

⓬ **烤牛排** 将蘸有酱汁的牛排继续放在烧烤炉上烤。

⓭ **切牛排** 将烤好的牛排切成小块。

⓮ **装盘** 将切好的牛排以及配菜装盘，撒上黑胡椒粉和盐即可享用。

这道炭烤牛排超级美味，牛肉外面很脆，里面鲜嫩多汁，咬下去味蕾特别满足。配菜具有解腻的作用，牛排和配菜融合在一起的口感超棒。

奶油龙虾

龙虾你会怎么烹饪？很多人会拿来蒸。今天我会用另一种烹调方式来做龙虾，这是我从一位西班牙大厨那里学到的。不用过度烹调就能把龙虾的原汁原味完全释放。试试跟你的家人在餐桌上共享一只龙虾的美味吧！

奶油龙虾

烹饪时间 30 分钟

烘焙时间 0 分钟

静置时间 0 分钟

使用工具：

平底锅、剪刀

使用食材：

龙虾	1 只
生菜	1/2 棵
洋葱	1/2 个
番茄	1/2 个
黄油	适量
橄榄油	适量
蒜	3 瓣
盐	适量
黑胡椒粉	适量

烹饪步骤：

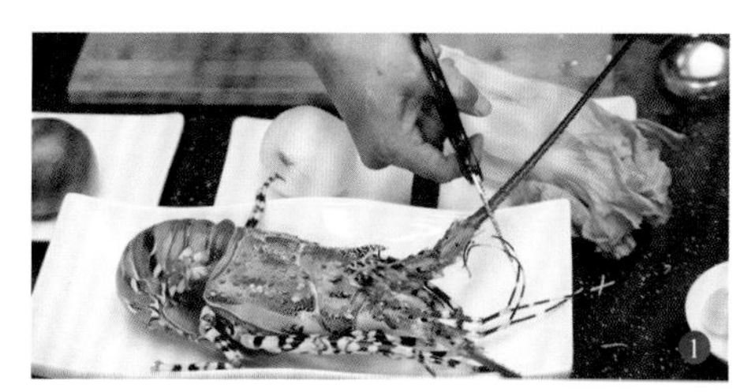

❶ **剪龙虾须** 将龙虾前面长的2根龙虾须剪掉。

❷ **煮龙虾** 将剪了龙虾须的龙虾放入沸水中煮，煮到龙虾完全卷曲，约五分熟即可。

❸ **切龙虾** 将煮好的龙虾对半切开。

❹ **煎龙虾** 将适量的橄榄油加入锅中加热，将切好的龙虾放入油锅中煎。

❺ **制作蔬菜沙拉** 将生菜切成小段；洋葱切成丝；番茄切片，放入碗中，加入适量的橄榄油、盐、黑胡椒粉搅拌均匀。

❻ **拍蒜瓣** 将蒜瓣拍碎，放入煎龙虾的油锅中。

❼ **加黄油** 将黄油放入煎龙虾的油锅中。

❽ **翻面煎** 将龙虾翻面继续煎，煎熟即可。

❾ **蔬菜装盘** 将拌好的蔬菜装盘备用。

❿ **龙虾装盘** 将煎好的龙虾放入装有蔬菜的盘中。

⓫ **龙虾调味** 将适量的黑胡椒粉、盐撒在龙虾上即可享用美味了。

这样做法的龙虾真的超级美味！虾肉特别有嚼劲，口感还微微有点甜味，配上蔬菜，原汁原味，堪称完美。

玉米浓汤

汤，许多人都喜欢，但是有一款汤特别有趣，不但中餐有，西餐中也有，但是做法完全不一样。赶快来看一看！

玉米浓汤

烹饪时间 15 分钟

烘焙时间 0 分钟

静置时间 0 分钟

使用工具：

平底锅、搅拌机

使用食材：

玉米粒	200 克
培根	2 片
洋葱	1/2 个
蒜末	适量
欧芹	少许
黄油	1 大匙
奶油	200 毫升
牛奶	200 毫升
橄榄油	适量
盐	适量
黑胡椒粉	适量

烹饪步骤：

❶ **切培根** 将培根切成颗粒状备用。

❷ **切洋葱** 将洋葱切碎备用。

❸ **做玉米糊** 将2/3的玉米粒、奶油、100毫升牛奶倒入搅拌机中搅拌成糊状备用。

❹ **翻炒培根** 在锅中加入少许的橄榄油，油热后倒入培根粒翻炒至出香味。

❺ **加洋葱** 将切好的洋葱末以及蒜末倒入锅中翻炒至出香味。

❻ **加水** 将适量的水以及剩下的玉米粒倒入锅中煮。

❼ **加黄油** 将一部分黄油放入锅中加热。

❽ **切欧芹** 将欧芹切碎备用。

❾ **加玉米糊** 将玉米糊、剩下的牛奶倒入锅中继续煮。

❿ **调味** 将剩下的黄油、盐加入汤中搅拌均匀。

⓫ **装盘** 将煮好的汤汁装盘，上面淋上少许奶油增加丰富度。

⓬ **撒黑胡椒** 将适量的黑胡椒粉、切碎的欧芹撒在上面即可享用美味。

这道玉米浓汤用了玉米的两种状态来呈现，不仅能吃到玉米糊绵密的口感，还有玉米粒点缀其中，一口送入嘴里总有惊喜，整个汤品都活泼起来了。用身边的食材就可以做出格调满满的异国料理，这就是詹姆士的厨房最大的魅力所在。

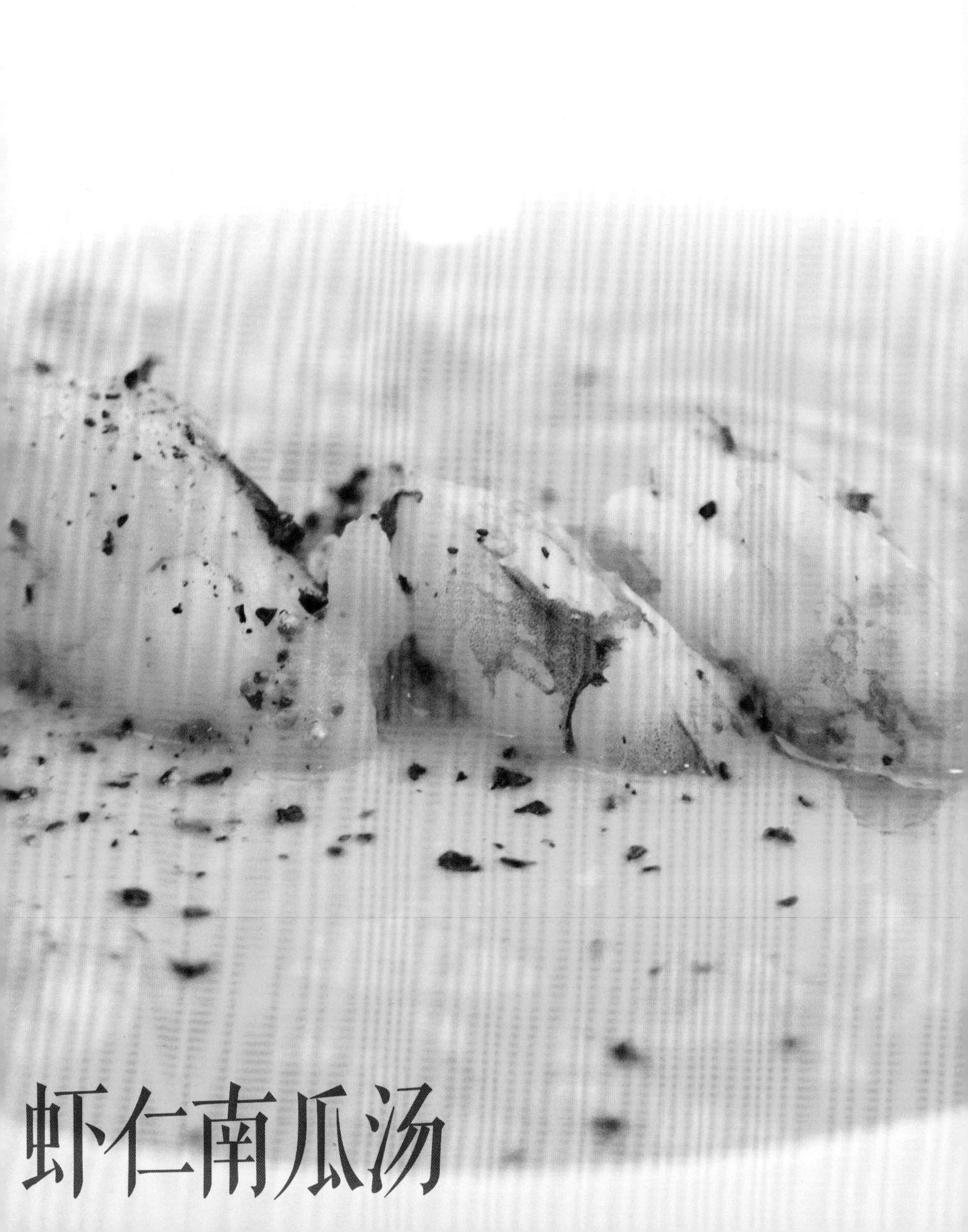

虾仁南瓜汤

做菜最特别的地方在于，用同样的食材，而每个人做出来的味道却不一样。区别不仅仅是用料多少和火候大小，还有烹饪的先后顺序等。今天我做的这道汤你可能喝过，食材你一定也用过，但是你看了肯定会说：这个做法怎么和我的又不一样。

虾仁南瓜汤

烹饪时间 20 分钟

烘焙时间 0 分钟

静置时间 0 分钟

使用工具：

平底锅、煮锅、滤网、搅拌机

使用食材：

南瓜	1 个
虾	6 只
牛奶	200 毫升
洋葱	1/2 个
蒜末	适量
橄榄油	适量
黑胡椒粉	适量
盐	适量

烹饪步骤：

❶ **切洋葱** 将洋葱切块备用。

❷ **翻炒洋葱** 锅中倒入适量的橄榄油，将洋葱块、蒜末倒入锅中翻炒。

❸ **剥虾壳**　将虾壳剥掉，虾仁备用，虾壳倒入锅中翻炒。

❹ **加水**　将适量的水倒入锅中熬汤。

❺ **翻炒南瓜**　另取一只锅，加入适量的橄榄油，将切好的南瓜片放入锅中翻炒出香味。

❻ **烫虾仁**　用滤网隔着虾汤将虾仁烫熟后滤出备用。

❼ **煮南瓜**　将虾壳汤倒进翻炒南瓜片的锅中，过滤掉虾壳，将南瓜片煮至熟软。

❽ **做南瓜糊**　将煮软的南瓜片滤出，装入搅拌机，倒入牛奶搅成糊状。

❾ **加虾汤** 将南瓜糊倒入锅中，加入适量的虾汤、盐调味，搅拌均匀。

❿ **切虾仁1** 将虾仁去头去尾，中间部分摆盘。

⓫ **切虾仁2** 将虾仁的头尾切碎备用。

⓬ **加南瓜汤** 将南瓜汤倒入装有虾仁的碗中。

⓭ **加虾仁** 将切碎的虾仁放入汤中，撒上适量的黑胡椒粉。

⓮ **加橄榄油** 将少量橄榄油倒入碗中即可享用美味。

我一直很疑惑：在煮虾汤的时候如何既能煮出虾的鲜味，又能保持虾肉的嫩滑。今天这道虾仁南瓜汤不仅肉软嫩，虾的鲜味更是无与伦比。原来只需要调整烹调的顺序就可以，一个小小的技巧就能满足我们对食物的不同期待！

墨西哥铁板牛排

说到世界上最普及的菜，我个人觉得中国菜是第一名，意大利菜是第二名，那么第三名，应该就是墨西哥菜了。不管是在北美、中南美、南美甚至欧洲，墨西哥菜都非常流行。今天在我的厨房，我们就来看看，墨西哥菜到底多有魅力。

墨西哥铁板牛排

烹饪时间 20 分钟

烘焙时间 0 分钟

静置时间 10 分钟

使用工具：

铁板、炒锅、平底锅

使用食材：

肋眼牛排	1 块
番茄	1 个
洋葱	1/2 个
墨西哥辣椒	2 根
柠檬	1 个
蒜末	1 大匙
罗勒叶	10 片
芝士球	10 颗
番茄酱	1 大匙
橄榄油	适量
盐	适量
黑胡椒粉	适量

烹饪步骤：

❶ **腌牛排** 在牛排两侧都撒上盐，静置一会儿。

❷ **切食材** 将洋葱切丝；番茄切块；墨西哥辣椒切丁；罗勒叶切碎。

❸ **制作莎莎酱** 将洋葱丝、番茄块、墨西哥辣椒丁、蒜末、番茄酱倒入水晶碗中，将其拌匀。

❹ **调味** 往莎莎酱里撒上黑胡椒粉和盐，拌匀。

❺ **翻炒莎莎酱** 橄榄油入锅，倒入莎莎酱翻炒。

❻ **煎牛排** 将另一口锅烧热，煎牛排至熟。

❼ **切牛排**　将煎好的牛排切成条状。

❽ **加芝士球**　将莎莎酱倒在烧热的铁板上，再摆上芝士球，用莎莎酱的余温加热芝士球。

❾ **摆牛肉**　将切好的牛肉条铺在铁板上。

❿ **收尾**　撒上一点儿罗勒叶末，再挤上柠檬汁就大功告成了。

这份牛排的口感刚刚好，柠檬汁让你分泌唾液，搭配上爽口的莎莎酱更是完美，牛肉的香和蔬菜的清爽都会让你垂涎欲滴。

墨西哥法式达

墨西哥的服饰是热情的，墨西哥的音乐是热情的，墨西哥的料理也是热情的。当我第一次接触到墨西哥料理的时候，我被它惊艳到了，世界上怎么会有这么热情的菜！这次我就要为大家带来我生命中的第一道墨西哥料理。

墨西哥法式达

烹饪时间 20分钟

烘焙时间 0分钟

静置时间 0分钟

使用工具：

平底锅、铁板

使用食材：

肋眼牛排	1块
墨西哥饼	5片
洋葱	1/2个
红甜椒	1/2个
黄甜椒	1/2个
牛油果	1个
番茄	1个
卷心菜	1/2棵
柠檬	1个
墨西哥腌辣椒	20克
起司丝	50克
黑胡椒粉	适量
红酒	100毫升
橄榄油	适量

烹饪步骤：

❶ **准备食材** 将牛油果剥皮去核后切丁；洋葱一部分切丁，一部分切丝；番茄切丁；牛油果最好选熟一点儿、软一点儿的。

❷ **拌第一份酱汁** 将一份洋葱丁和牛油果丁倒入水晶碗中，倒入橄榄油拌匀，尽量用匙子将其碾成泥状，放在一边备用。

❸ **拌第二份酱汁** 将另一份洋葱丁和番茄丁装在另一个水晶碗里，挤入柠檬汁后拌匀，放在一边备用。

❹ **切卷心菜** 将卷心菜切成丝，放在一边备用。

❺ **煎牛排** 往锅里倒少许橄榄油，稍微煎一下牛排，两面变色后将牛排取出。

❻ **切牛排和其他食材** 将煎好的牛排切成条状；红甜椒和黄甜椒去瓤切丝；墨西哥腌辣椒切成小段。

❼ **炒制** 锅里倒入橄榄油，油热后将红甜椒丝、黄甜椒丝、墨西哥腌辣椒段、洋葱丝倒入锅中翻炒。

8

9

10

❽ **加红酒** 将牛排条倒入锅中，加入红酒翻炒，淋上墨西哥腌辣椒汁，再撒上黑胡椒粉。

❾ **装盘** 将炒好的食材倒在烧热的铁盘上。

❿ **拼装** 将之前切好的卷心菜丝和拌好的两份酱料取出摆好，再准备一些墨西哥卷饼和一碗起司丝，摆好盘就可以开始享用美味了。

法式达应该这样吃：在卷饼上加一点儿番茄，加一点儿牛油果，再来一点儿洋葱和牛肉，撒上一些起司丝，加少许酸奶，卷起来一口吃下去，完美！

第三章

尽尝亚洲美食

熟悉的味道也许也会有不一样的情愫

韩国辣鸡翅锅

我第一次接触韩国辣椒酱是在加拿大念书时，有位韩国朋友给我的。那时我才发现原来韩国辣椒酱的颜色虽然看起来很红艳，但是吃起来其实并没有那么辣，甚至还带一点儿甜味。今天在我的厨房，我就教大家怎么用韩国的辣椒酱来做出好吃的料理。

韩国辣鸡翅锅

烹饪时间 20 分钟

烘焙时间 0 分钟

静置时间 0 分钟

使用工具：

炒锅、铸铁锅

使用食材：

鸡中翅	4 只
鸡小腿	4 只
红辣椒	3 根
青辣椒	3 根
韩式辣酱	1 大匙
蒜末	1 大匙
葱	1 根
无色汽水	400 毫升
酱油	适量
芝麻油	适量
白芝麻	1 大匙
盐	2 匙

烹饪步骤：

❶ **切鸡翅、鸡小腿** 将鸡中翅和鸡小腿切成大小差不多的小块。

❷ **切辣椒** 将红辣椒和青辣椒斜切成段；葱切段。

❸ **干煎鸡翅** 干锅煎鸡中翅和鸡小腿肉，煎到鸡皮稍微变焦，有香味出来为止。

❹ **放辣椒酱** 往锅里放入芝麻油，稍微翻炒后再加入韩式辣酱。

❺ **加辣椒** 将红辣椒段、青辣椒段、葱段倒入锅中。

❻ **加汽水** 往锅里倒入汽水，稍微煨煮一下，鸡肉肉质会更软滑。

❼ **调味** 倒入蒜末、酱油、盐，煮到快收汁，出锅，将其倒入铸铁锅里。

❽ **撒白芝麻** 撒上白芝麻就完成了。

鸡皮多的地方油脂较多，鸡翅部位的鸡皮较厚，所以也是整只鸡脂肪含量最高的地方。

贵州辣子鸡

辣子鸡本是川菜里面的一道名菜，但我到贵州后，所有人给我推荐的贵州美食都是辣子鸡。我发现贵州人总结出了自己的方法，吃出了自己的风味。既然贵州人可以把川菜变成贵州菜，我也可以用不同的方式来烹调辣子鸡，快来尝尝我做的辣子鸡到底是什么味道。

贵州辣子鸡

烹饪时间 20 分钟　　烘焙时间 0 分钟　　冷藏时间 20 分钟

使用工具：

炒锅、空酒瓶、搅拌机、煮锅、保鲜袋

使用食材：

干红辣椒	20 克
熟土豆	1 个
鸡腿	2 只
面皮饼	10 张
生菜	5 片
姜末	1 大匙
蒜末	1 大匙
米酒	适量
盐	1 匙
酱油	适量
植物油	适量
花生	适量

烹饪步骤：

❶ **煎鸡腿肉**　将鸡腿去骨后，鸡皮朝下放到锅里，煎出鸡油后，将鸡油倒出备用，再两面煎鸡肉，煎出焦香味为止。

❷ **煮辣椒** 将干红辣椒放到锅里煮10分钟。

❸ **切生菜** 将生菜切丝，放到冰水里冰镇备用。

❹ **敲花生** 将花生放到保鲜袋里，用空酒瓶将花生敲碎。

❺ **煎土豆** 将蒸熟的土豆切丁，用植物油煎至土豆丁焦香，将油滤出。

❻ **切鸡丁** 将煎好的鸡肉切丁，这时候的鸡肉还没有全熟。

❼ **打碎辣椒** 将蒜末、姜末和煮好的干红辣椒放到搅拌机里打碎。

❽ **炒辣椒** 将之前煎出的鸡油倒入锅中，放入打碎的辣椒煸炒，直到炒出焦香味。

❾ **加入鸡丁和土豆丁** 将鸡肉丁和土豆丁倒入锅中翻炒。

❿ **调味** 放入酱油、盐和少量米酒。

⓫ **装盘** 将炒好的辣子鸡倒入盘子里，铺上冰镇好的蔬菜，花生碎用一个小盘子装好，再准备一些面皮饼搭配就可以开吃了。

如果你想用心做一道特色美食，那你就要多花一点儿心思，多看看食谱。但如果你本身就有烹饪的底子，你可以试试用自己的想法和创意来做一道属于你自己的美味料理，这样会很有趣。

印度鱼肉咖喱

我很少听到有人说不喜欢咖喱，咖喱的味道会让人食欲大开。不管是咖喱饭、咖喱面包还是咖喱三明治，大家都非常喜欢。听到咖喱，你肚子是不是又饿了？那我们快来煮咖喱吧。

印度鱼肉咖喱

烹饪时间 20 分钟　烘焙时间 0 分钟　静置时间 0 分钟

使用工具：

炒锅、滤勺

使用食材：

法棍	1 根
熟土豆	1 个
鳕鱼	1 块
青辣椒	3 根
红辣椒	3 根
洋葱泥	100 克
姜泥	少许
香菜末	适量
姜黄粉	适量
咖喱粉	适量
辣椒粉	适量
酸奶	50 克
橄榄油	适量
盐	1 匙
白糖	1 匙
黑胡椒粉	适量

烹饪步骤：

❶ **切法棍**　将法棍切成小块备用。

❷ **切鳕鱼** 将鳕鱼的刺挑出后切成丁。

❸ **切土豆** 将蒸熟的土豆切丁；红辣椒和青辣椒切碎。

❹ **炒土豆、鳕鱼** 橄榄油入锅，倒入姜泥和洋葱泥，稍微翻炒过后加入土豆丁和鳕鱼丁。

❺ **放各种香料** 将红辣椒末、青辣椒末放入锅中炒香，待鳕鱼肉快熟时，加入姜黄粉、咖喱粉、辣椒粉。

❻ **加水煨煮** 倒入适量的水，煨煮所有食材，让其慢慢收汁。

❼ **加酸奶** 往锅里加入酸奶，增加咖喱的浓稠度（也可以放椰奶等有浓稠度的乳制品）。

❽ **调味** 往锅里放入盐、白糖和黑胡椒粉（可以根据自己的喜好调味道）。

❾ **出锅** 将煨煮好的咖喱倒入盘子中。

❿ **撒黑胡椒粉和香菜末** 在咖喱上撒上香菜末，再撒上黑胡椒粉。

⓫ **摆面包** 将切好的法棍摆在盘子上就完成了。

这道咖喱很清爽，吃下去似化未化，你也可以把法棍换成薄饼，一样很美味哟！

台中炸里脊

台中位于台湾的中部，住在那里的人对生命都充满热情，有很多台湾小吃都是在那边发明出来的，比如世界知名的珍珠奶茶、脆皮臭豆腐。今天在我的厨房，就带你们看看台中人的脑袋里面到底在想些什么。

台中炸里脊

烹饪时间 20分钟

烘焙时间 0分钟

静置时间 0分钟

使用工具：

煮锅、夹子、空酒瓶

使用食材：

猪里脊	1块
葱	2根
蒜	5瓣
姜片	8片
酱油	1匙
太白粉	1匙
地瓜粉	100克
五香粉	1/2匙
白胡椒粉	1匙
白糖	2匙
盐	1匙
黑胡椒粉	适量
芝麻油	少许
米酒	1匙
植物油	适量

烹饪步骤：

❶ **拍香料** 将葱、姜片和蒜用菜刀拍扁、切碎，放到水晶碗里，使它们的香味释放出来。

❷ **调味**　往水晶碗里倒入五香粉、白胡椒粉、米酒、酱油、盐和白糖。

❸ **拌匀腌肉酱汁**　用手抓匀，将葱姜蒜的味道抓出来，放在一边静置。

❹ **切里脊肉**　将猪里脊肉切成适当大小，用刀背逆纹敲打里脊肉，将里脊肉的纤维打断。

❺ **敲打里脊肉**　用空酒瓶（有肉锤更好）将里脊肉拍扁、拍散，边拍边摸，使里脊肉每个位置的厚度一样。

❻ **腌肉**　将水晶碗中的酱汁过滤出来，葱姜蒜不需要了，将里脊肉放到酱汁里，再加入太白粉充分拌匀，让酱汁都被吸进里脊肉里。

❼ **蘸地瓜粉**　将腌好的肉均匀地裹上地瓜粉。

❽ **炸里脊** 将裹好粉的里脊肉放入150℃左右的油锅里炸熟。

❾ **切里脊肉** 将炸好的里脊肉取出，切成小块。

❿ **收尾** 摆盘后撒上一点儿黑胡椒粉，再淋一点儿芝麻油增加香气就大功告成了。

这道菜虽然是炸过的，但是里面的肉质很软，由于事先腌过，肉里面会有汤汁。刚刚出锅里脊肉没有全熟透，但从油锅里拿出来后，由于有三四分钟的导热，热度慢慢导进肉里，所以在吃的时候肉的口感刚刚好。

肉末蒸蛋

每年五月的第二个星期日是母亲节，我妈妈年轻时是职业女性，既要忙工作，还要照顾家庭，一直都很辛苦。妈妈做的蒸蛋很好吃，我也一直喜欢吃蒸蛋，这次我就把我妈妈的蒸蛋做法演绎出来，让大家感受一下我小时候吃过的味道。

肉末蒸蛋

烹饪时间 20 分钟

烘焙时间 0 分钟

静置时间 0 分钟

使用工具：

炒锅、蒸锅、滤网、蒸架、打蛋器

使用食材：

鸡蛋	3 颗
柴鱼片	200 克
猪绞肉	150 克
太白粉	1/2 大匙
葱末	适量
香菜末	适量
酱油	1/2 大匙
芝麻油	适量
盐	3 匙
白胡椒粉	1 匙

烹饪步骤：

❶ **打蛋** 将鸡蛋打匀，倒入量杯中。

❷ **过滤柴鱼片** 柴鱼片提前用热水浸泡，将泡过柴鱼片的水过滤出来。

❸ **加鸡蛋**　将泡柴鱼片的水倒入蛋液中。

❹ **调味**　加入少许酱油和2匙盐，再用打蛋器拌匀。

❺ **过滤蛋液**　由于在上述步骤中蛋液不可能充分搅匀，所以取一滤网，将蛋液过滤出来。

❻ **舀沫**　将漂浮在蛋液上的泡沫用匙子舀出来扔掉。

❼ **蒸蛋**　先把蒸锅里的水烧开，将装有蛋液的碗放到蒸架上，盖上锅盖蒸。

❽ **腌肉**　将猪绞肉倒入水晶碗里，加入芝麻油、白胡椒粉、1匙盐、太白粉（使肉质滑嫩）、少许泡过的柴鱼片和一点儿水，将其拌匀。

❾ **炒肉** 用小火炒猪绞肉，将其炒香。

❿ **加水煮“肉汤”** 待猪绞肉炒变色后，加入葱末炒匀，再加入少许水和酱油，煮到收汁。

⓫ **铺肉末** 将蒸好的蛋取出，将炒好的猪绞肉铺在蒸蛋上。

⓬ **撒香菜末** 将香菜末撒在肉末上，充满爱意的肉末蒸蛋就做好了。

在中国，几乎每家都做过肉末蒸蛋，但詹姆士的这个蒸蛋味道非常丰富，也很特别。赶紧学会，即使不是母亲节，也可以做给妈妈吃，妈妈一定会很感动的。

辣炒蛤蜊

台中有个地方叫台中港，靠海，靠海吃什么？当然吃海鲜喽。你有听过蛤蜊吧，今天，在我的厨房，我就做一道我年轻时候的记忆——辣炒蛤蜊，大家一起试试看。

辣炒蛤蜊

烹饪时间 20分钟

烘焙时间 0分钟

静置时间 0分钟

使用工具：

炒锅、夹子

使用食材：

蛤蜊	800克
姜片	10片
蒜	4瓣
葱	2根
罗勒叶	10片
红辣椒	2根
米酒	5匙
酱油	适量
芝麻油	适量
白胡椒粉	适量

烹饪步骤：

❶ **切香料** 将红辣椒切成小段；蒜拍碎；葱切段。

❷ **煸香香料**　锅热了之后放入适当的芝麻油和姜片煸炒，煸香后再放入葱段、红辣椒段和蒜末，蒜不要太早放，否则容易变苦。

❸ **放蛤蜊**　将蛤蜊倒入锅中，稍微翻炒一下。

❹ **加米酒**　酌情放入3~5匙米酒，用酒去焖蛤蜊，起火，锅中烧热后盖上锅盖。

❺ **焖煮**　焖煮锅里的蛤蜊，焖煮过程中可稍微摇动锅，辅助蛤蜊均匀受热。

❻ **取出开口蛤蜊** 透过锅盖观察锅里的情况，用夹子将开口的蛤蜊夹出，防止煮老，其余的蛤蜊继续在锅里加热。

❼ **调味** 往锅里放入罗勒叶、白胡椒粉和少量酱油。

❽ **出锅** 将锅里剩下的所有食材倒入之前装有已经开口蛤蜊的盘子里。

❾ **收尾** 淋上一点儿芝麻油，增加香味。

在吃蛤蜊等贝类海鲜前，可以把它们泡在水里，然后往水里撒盐，让其吐沙，会吐半小时到两三个小时。这样烹饪后的蛤蜊就不会因为吐沙不干净而影响口感了。

沙茶蚝油羊肉

在台湾，谁都知道高雄的幅员最广，所以高雄出了很多很棒的农产品，也有很多很棒的畜牧业。如果聊到羊肉，就不得不提高雄的冈山，那儿的羊肉非常好吃。羊肉有很多不同的吃法，今天在我的厨房，我们就来做一道羊肉料理吧。

沙茶蚝油羊肉

烹饪时间 20 分钟　烘焙时间 0 分钟　静置时间 0 分钟

使用工具：

炒锅

使用食材：

羊肉片	300 克
空心菜	200 克
葱	1 根
泰椒	4 根
蒜末	3 大匙
沙茶酱	适量
酱油	适量
芝麻油	少许
米酒	适量
白糖	2 匙
蚝油	1 大匙
橄榄油	适量

烹饪步骤：

❶ **切羊肉**　将羊肉片对半切，切成方便吃的大小，如果羊肉片大小合适，就不用切了。

❷ **腌羊肉** 将羊肉放到水晶碗里，加入1大匙蒜末、适量酱油和蚝油，将其拌匀备用。

❸ **切空心菜** 将空心菜切成小段。

❹ **切葱和辣椒** 将葱切成小段；红辣椒切碎。

❺ **煸香食材** 往锅里倒入橄榄油，再倒入红辣椒碎和蒜末，将其煸出香味。

❻ **加沙茶酱** 倒入沙茶酱炒匀。

❼ **放羊肉** 将腌好的羊肉倒入锅中翻炒，翻炒过程中加入少许米酒，翻炒后倒在盘子里备用。

❽ **炒空心菜** 把空心菜段和葱段倒入锅中翻炒，倒入适量米酒，盖上锅盖焖煮一会儿。

❾ **加入羊肉** 将之前出锅的羊肉倒回锅中。

❿ **调味** 锅中倒入适量的水、酱油和白糖，翻炒均匀。

⓫ **出锅** 淋入少许芝麻油，拌炒均匀后就可以出锅了。

这道菜下酒又下饭，有很香的沙茶味，但沙茶又不会掩盖住羊肉的鲜味。无论是作为居家小炒还是招待客人，它都是一个很棒的选择。

芋头米粉汤

高雄的芋头非常有名，你听过有一道菜叫作芋头米粉汤吗？想象一下：你在吃米粉汤的时候，芋头半溶化在汤里面，每一口米粉都能吃到芋头的香甜。很难想象是不是？没关系，我马上做给你看，我们开始吧。

芋头米粉汤

烹饪时间 20分钟 | 烘焙时间 0分钟 | 静置时间 0分钟

使用工具：

炒锅、油锅、滤网、搅拌机、剪刀

使用食材：

蒸熟的芋头	1/2个
米粉	200克
五花肉片	100克
泡发的干香菇	3朵
泡过的干虾仁	1大匙
卷心菜	1/4棵
红葱头	4个
蒜末	1大匙
香菜末	适量
白胡椒粉	适量
植物油	适量

烹饪步骤：

❶ **切芋头** 将蒸熟的芋头切成小块。

❷ **炸芋头** 将一半芋头放入油锅中炸，使其变酥、变脆。

❸ **打酱汁** 将另一半芋头放入搅拌机中，加入适量的水，将其打成酱汁。

❹ **煮米粉** 将米粉放入锅中煮大概1分钟，捞出备用。

❺ **煸香红葱头和蒜头** 锅里倒入植物油，倒入切好的红葱头片和蒜末，将其煸香，当看到蒜末有一点点变色之后，就可将它们盛出备用。

❻ **煸五花肉片** 将五花肉片倒入锅中翻炒，直到煸出猪油为止。

❼ **切香菇、虾仁** 将泡发的香菇切成丝状；将干虾仁切碎。

❽ **炒香菇、虾仁** 将虾仁和香菇倒入盛有炒五花肉的锅中翻炒。

❾ **准备卷心菜** 将卷心菜切丝，放入上述锅中一起翻炒。

❿ **加入水和芋头** 将香菇和虾仁倒入锅中，再倒入之前煮米粉的水，加入炸好的芋头。

⓫ **倒入酱汁** 将打好的芋头酱汁倒入锅中，煨煮一会儿。

⓬ **米粉装碗** 将煮好的米粉用剪刀剪断，放到成品碗里。

⓭ **倒芋头汤** 将煮好的芋头汤倒在米粉上。

⓮ **收尾** 将之前煸炒过的红葱头片和蒜末放在米粉上，再撒上白胡椒粉和香菜末就完成了。

这道菜清甜的同时，又有淡淡的奶香味。芋头的香味很足，它与油脂结合后，无论是在嘴巴里还是鼻腔内都会充满着浓浓的芋香。芋头松软、米粉有嚼劲，快试试吧。

剥皮辣椒香菇鸡

如果你去过台湾的花莲，你一定会喜欢那里深海和高山的景象。花莲有一个好的食材我极力推荐，如果你喜欢吃辣，就一定要试试看，这种食材就是剥皮辣椒。花莲人用剥皮辣椒做出了很多很棒的料理。今天，在我的厨房，我就用剥皮辣椒简单地示范一道菜给大家。

剥皮辣椒香菇鸡

烹饪时间 20 分钟

烘焙时间 0 分钟

静置时间 0 分钟

使用工具：

平底锅、炒锅、夹子

使用食材：

去骨鸡腿肉	2 块
泡发的干香菇	10 朵
剥皮辣椒	5 根
蒜	10 瓣
酱油	适量
盐	适量

烹饪步骤：

❶ **煎鸡肉** 开大火，将去骨鸡腿肉鸡皮朝下放入锅中，煎出鸡油后即可转成中火。

❷ **切香菇** 将泡发的香菇挤干水分后，对半切开备用，一定要将香菇的水分挤干，否则香菇不容易炒香。

❸ **切剥皮辣椒** 将剥皮辣椒切成小段备用。

❹ **沥出鸡油** 将煸出的鸡油沥到碗里备用，继续煎鸡腿肉。

❺ **切鸡肉** 待鸡皮煎至金黄色后，将鸡肉取出，切成小块备用。

❻ **炒香菇大蒜** 将香菇放入刚刚煎过鸡腿的锅中炒制，倒入蒜一起翻炒。

❼ **放鸡肉** 待香菇香味和蒜香味炒出来后，放入切好的鸡腿肉。

❽ **调味**　锅中加入酱油和盐调味，再加入剥皮辣椒段。

❾ **加水**　倒入适量的水煨煮食材，泡发香菇的水也不要浪费了，可以倒进来，增加香味。

❿ **煨煮收汁**　慢慢煨煮食材，收汁时冒的泡泡越大，表示汁液越浓稠。

⓫ **出锅**　收汁完毕后，将锅里的食材倒入成品盘中就可以开始享用美味了。

香菇既有咬劲，水分又很饱满，蒜头的口感就像土豆一样。鸡肉肉质很软，既有焦香味，嫩度又刚刚好，再加上剥皮辣椒的酸甜，这些食材的组合搭配使得这道菜在口感和味道上非常有层次。

猪肉大沙公

我有的时候去逛市场，看到一样食材，就会开始回想，我爷爷做过，我父亲做过，我也做过。应该说是家里味道的传承，这个食材就是青蟹，今天在我的厨房我会教大家怎么处理青蟹！赶快来看看吧！

猪肉大沙公

烹饪时间 30分钟

烘焙时间 0分钟

静置时间 0分钟

使用工具：

炒锅、煮锅、滤网

使用食材：

青蟹	2只
大白菜	1棵
鸡蛋	2颗
五花肉片	适量
姜片	100克
米酒	400毫升
白胡椒粉	2大匙
芝麻油	适量

烹饪步骤：

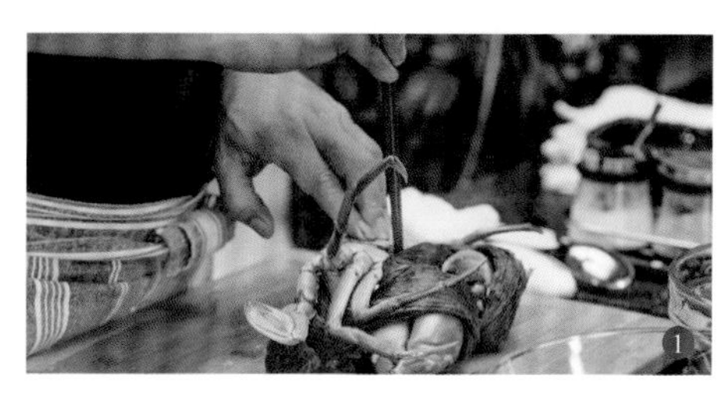

❶ **处理青蟹** 将蟹脚脚尖切掉。

❷ **取出蟹膏** 将青蟹清洗干净后，去除内脏，取出蟹膏。

❸ **白菜叠肉** 将大白菜去头，均匀地把五花肉片铺在3片大白菜上。

❹ **切白菜** 将铺好五花肉片的白菜叠在一起，切成长条。

❺ **锅底备料** 将切成长条的菜和肉叠在一起，立竖着以螺旋状铺在砂锅底部。

❻ **炒姜片** 将姜切片放入炒锅中，加入适量的芝麻油，炒香姜片。

❼ **炒蟹** 将青蟹倒入锅中翻炒。

❽ **淋蛋液** 将鸡蛋打成蛋液，将蟹膏和蛋液均匀搅拌，淋在青蟹上，炒香。

❾ **倒米酒** 将米酒倒入锅中煮青蟹。

❿ **加水** 将适量的水和白胡椒粉倒入锅中继续煮青蟹。

⓫ **锅底加汤** 将熬煮好的蟹汤倒进装有白菜叠肉的砂锅中，继续加热至白菜和肉煮熟。

⓬ **加螃蟹** 将青蟹倒入煮熟的白菜锅中，倒入适量的芝麻油即可享用美味。

将蟹脚脚尖切掉是为了方便它更加入味。这道菜用黄酒也可以。如果在家中炒这道菜放入酒后出现锅中起火现象，请不要惊慌失措，只需把锅盖盖上就可以。但是这样一来就会加重这道菜的酒味，所以我还是喜欢让酒在锅中充分燃烧，不破坏食物的本味。

百菇焗泡菜

有人说：cheese（起司）就像歌剧，喜欢的人一次就爱上，不爱的人你想尽办法去了解，都没法喜欢。但我不这么觉得，在我的厨房，我来教大家怎么用cheese（起司）入菜，让你知道cheese（起司）与食材的碰撞是多么美好。

百菇焗泡菜

烹饪时间 30 分钟　烘焙时间 15 分钟　静置时间 0 分钟

使用工具：

炒锅、烤箱、隔热手套、焗烤盘

使用食材：

韩国泡菜	200 克
杏鲍菇	1 根
凤尾菇	1 片
洋菇	5 朵
鲜香菇	3 朵
猪肚菇	2 朵
奶油	适量
起司丝	50 克
面包糠	4 大匙
蒜末	1 大匙
韩国辣酱	1 大匙

烹饪步骤：

❶ **切菌类**　将所有的菇都切成片，放在一边备用，鲜香菇和洋菇要去蒂后再切片。

❷ **拌面包糠**　将面包糠倒入水晶碗中，再倒入蒜末，将其拌匀，放在一边备用。

❸ **调酱汁** 另取一水晶碗，倒入奶油，再加入一大匙韩国辣酱，拌匀备用。

❹ **干煸菌类** 将菌类倒入锅中，把菌类的水分尽可能煸掉。

❺ **加入泡菜** 菌类的水分被炒出，煸出香味后，加入韩国泡菜炒匀。

❻ **加酱汁** 加入之前拌好的酱汁，和菌类一起炒匀，酱汁不要全放，留一些在后续步骤中使用。

❼ **出锅** 将锅里的食材放到烤盘里，再在表面倒上酱汁。

❽ **加起司丝** 铺上起司丝，不要太多，否则有点腻口。

❾ **加面包糠** 将之前拌好的面包糠撒在食材上。

❿ **入烤箱** 将烤盘放到烤箱里，用上下火200℃烤15分钟就大功告成了。

这道菜可是詹姆士餐馆里的招牌菜之一，詹姆士把自家的“商业机密”都教给大家了，不学会实在是可惜。赶紧学起来，不去台湾也能吃到詹姆士餐馆里的美味。

第四章

轻松上手的小食

为忙碌的生活平添一抹欢愉

坚果米布丁

炎热的夏天，如果你可以吃上一口冰凉的甜品，那是一件多么开心的事情。但在家里，当你打开冰箱，发现没有足够的食材来做你想要吃的甜品，怎么办？今天，在我的厨房，我要教大家用一种唾手可得的食材来做一道很棒的甜点，这个食材到底是什么呢？快来看看吧。

坚果米布丁

烹饪时间 20 分钟

烘焙时间 0 分钟

冷却时间 5 分钟

使用工具：

炒锅、搅拌机

使用食材：

米饭	200 克
白芝麻	适量
黑芝麻	适量
葡萄干	适量
杏仁片	适量
松仁	适量
牛奶	200 毫升
白糖	10 匙
奶油	适量
冰块	适量

烹饪步骤：

❶ **熬煮米饭** 将煮熟的米饭倒入盛有水的锅中加热拌匀。

❷ **加入牛奶** 往锅中倒入牛奶。

❸ **放糖** 往锅中加入白糖，搅拌。

❹ **搅拌米糊** 米饭拌匀后，往搅拌机里倒入一部分，通电稍微搅拌几秒即可，不要将米饭打太碎。

❺ **倒入锅中** 将搅好的米糊倒入锅中，与之前锅中剩下的米粥一起拌匀。

❻ **准备冰水** 取一不锈钢盆，将冰块倒入水中。

❼ **倒入米糊** 将米糊倒入小盆中，再将小盆放入冰水里。

❽ **隔水降温** 不停地拨动米糊，使其散热更快，在搅拌过程中，加入适量奶油，增加米糊的黏稠度。

❾ **冷冻米糊** 将米糊倒入盘子中，用匙子抹匀，放到冰箱里冷冻4~5分钟。

❿ **炒杏仁片** 将杏仁片炒香后倒入小碗中备用。

⓫ **炒白芝麻** 将白芝麻炒香后倒入小碗中备用。

⓬ **装盘** 将米糊从冰箱里取出，依次铺上白芝麻、葡萄干、松仁、黑芝麻和杏仁片就大功告成了。

吃的时候不需要拌匀，而是用勺子将米饭连带坚果舀起来吃，这样口感会更有层次。最开始是坚果的脆香，然后是米饭的香甜。哎哟，我现在迫不及待地要赶紧回家再做一份了。

脆皮吐司

凡走过必留下痕迹，凡去过必留下回忆。前一阵子我去了一趟夏威夷，有很多很棒的菜我不仅品尝了，而且也学会了！其中有一道甜点我觉得很不错，迫不及待地想要分享给大家。

脆皮吐司

烹饪时间 20分钟

烘焙时间 0分钟

静置时间 0分钟

使用工具：

平底锅、搅拌机

使用食材：

吐司面包	4片
盐腌火腿	2片
小番茄	6个
生菜	适量
洋葱	适量
起司丝	适量
巴萨米克醋	适量
盐	适量
黑胡椒粉	适量

烹饪步骤：

❶ **加热起司丝** 将2份等量的起司丝放在锅中加热。

❷ **放吐司** 将2片吐司放在起司丝上加热，加热至起司丝溶化在吐司上面，反面也要加热，使面包有脆度。

❸ **加起司丝**　在其中1片吐司上铺上起司丝。

❹ **加盐腌火腿**　将适量的盐腌火腿放在有起司丝的吐司上。

❺ **盖面包**　将另1片吐司盖在有起司丝和盐腌火腿的吐司上。

❻ **加热吐司**　将夹有盐腌火腿的吐司面包继续煎至表面金黄，重复上述步骤煎第二份吐司面包。

❼ **切生菜**　将适量的生菜切成小片备用。

❽ **切小番茄**　将小番茄切片备用。

❾ **切洋葱** 将洋葱切丝备用。

❿ **做配菜** 将切好的生菜片、洋葱丝、小番茄片依次放入盘中。

⓫ **撒黑胡椒粉** 将黑胡椒粉撒在配菜上。

⓬ **撒盐和醋** 将盐和巴萨米克醋撒在配菜上。

⓭ **切吐司** 将加热好的两份吐司对半切开。

⓮ **装盘完成** 将切好的吐司和做好的配菜装盘就完成了。

这个吐司特别脆，第一次吃到这样状态的吐司特别有口感，加上清爽的配菜，真的是一级棒。

总汇三明治

前几天我看了一部美剧，讲的是一个单亲爸爸带小孩的故事，故事里单亲爸爸做了一个三明治，爸爸笨手笨脚的，做完以后小孩子也不喜欢吃，我对这个三明治做了改良，相信无论是小孩，还是大人，都会喜欢上的。

总汇三明治

烹饪时间 20分钟

烘焙时间 1分钟

静置时间 0分钟

使用工具：

平底锅、烤箱、牙签

使用食材：

吐司面包	3片
鸡蛋	2颗
火腿	1个
番茄	1个
生菜	适量
黄油	适量
柠檬	1个
橄榄油	适量
美乃滋	适量

烹饪步骤：

❶ **烤面包** 将吐司面包放入预热的烤箱中烤1分钟备用。

❷ **打鸡蛋** 将鸡蛋打在碗里均匀地搅拌成蛋液备用。

❸ **煎蛋皮** 在锅中加入橄榄油加热，将蛋液倒入锅中煎至成蛋皮，盛出备用。

❹ **备食材** 将番茄切片，将适量的美乃滋放入碗中，将柠檬对半切开，挤出柠檬汁加在装有美乃滋的碗中，搅拌均匀。

❺ **涂抹黄油** 将黄油用餐刀均匀地涂抹在1片吐司面包上，剩余2片吐司面包备用。

❻ **铺生菜** 将2片生菜扑在涂满黄油的吐司面包上。

❼ **铺番茄** 将4片番茄片铺在生菜上。

❽ **涂抹美乃滋** 拿出另1片吐司面包，双面均匀地涂上美乃滋，将吐司面包盖在番茄上。

❾ **切火腿** 将火腿切片后放在吐司面包上。

❿ **加蛋皮** 将煎好的蛋皮对折，修边后放在火腿上。

⓫ **涂抹黄油** 将最后1片吐司面包单面涂抹黄油，盖在蛋皮上。

⓬ **牙签固定** 用牙签插在3片吐司面包的四周固定。

⓭ **切三明治** 将固定好的三明治对角切开切成4块。

⓮ **装盘** 将切好的三明治装盘即可享用。

推荐大家做这个总汇三明治，方便快捷又好吃，口感特别清爽，还有淡淡的柠檬的香味。

焗烤苹果

看到吐司面包你会想到什么？早餐还是下午茶？可是对于外国人而言，吐司面包就是他们的主食。今天，我会用吐司面包和苹果来做甜点，怎么做？看了你会吓一跳哦。

焗烤苹果

烹饪时间 20 分钟

烘焙时间 15 分钟

静置时间 0 分钟

使用工具：

焗烤盘、烤箱

使用食材：

鸡蛋	4 颗
苹果	2 个
吐司面包	2 片
面粉	适量
冰淇淋	2 球
起司丝	适量
糖霜	2 大匙
肉桂粉	适量
白糖	适量

烹饪步骤：

❶ **苹果削皮** 将苹果削皮去核备用。

❷ **苹果切块** 将削皮去核的苹果切成小方块备用。

❸ **打蛋液** 将鸡蛋均匀地打成蛋液。

❹ **加面粉** 将面粉加入蛋液中搅拌，不需要搅拌得很均匀。

❺ **吐司面包切块** 将吐司面包切成小块备用。

❻ **做苹果馅** 将切好的吐司面包块和苹果块放进蛋液中搅拌。

❼ **加糖** 在苹果馅中加入白糖，搅拌均匀。

❽ **加起司丝** 将适量的起司丝放进苹果馅中搅拌均匀。

⑨ **倒入焗烤盘** 将苹果馅倒入烤盘中，铺均匀。

⑩ **加起司丝** 将适量的起司丝、白糖均匀地撒在苹果馅表面。

⑪ **烤苹果馅** 将做好的苹果馅放入烤箱200℃烤15分钟。

⑫ **撒肉桂粉** 在盘子上撒肉桂粉以及糖霜。

⑬ **装盘** 15分钟后将烤苹果取出，切块后放入撒有肉桂粉和糖霜的盘中。

⑭ **加冰淇淋** 将冰淇淋装盘，放在苹果馅的旁边就可以享用了。

焗烤苹果是美味甜点，浓郁松软的蛋糕口感，加上苹果焗烤后的酸甜可口，再与顺滑浓香的冰淇淋结合，如此丰富的口感，舀一口塞进嘴里即刻带来满满的幸福感。我敢说没有哪个女生能抵抗得了这样的美食，而且它制作简单，很适合在周末的下午跟心爱的人一起分享。

蜜糖吐司

你这样随心所欲地做过甜点吗？用20厘米长的吐司装满你喜欢的水果、奶油、冰淇淋，甚至是你喜欢的零食。没有吧？这是一道曾经在北美非常流行的甜点，今天在我的厨房，我们一起来随心所欲一次吧！

蜜糖吐司

烹饪时间 30分钟

烘焙时间 15分钟

静置时间 0分钟

使用工具：

烤箱、平底锅、裱花袋、搅拌机

使用食材：

长条吐司面包	1个
芒果	1个
冰淇淋	2球
奇异果	1个
烤熟的红薯	1个
柠檬	1个
红苹果	1/2个
青苹果	1/2个
无糖玉米脆片	适量
脆迪酥	2根
小威化饼干	适量
小米蕉	1根
牛奶	少许
奶油	适量
黄油	1块
糖粉	适量

烹饪步骤：

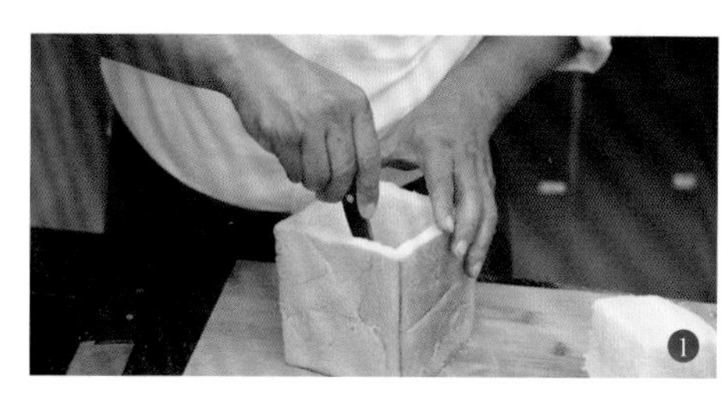

❶ **切长条吐司面包** 将长条吐司面包从中间切开，内部挖空，放入烤箱，120℃烤至酥脆即可。

❷ **切面包心** 将挖出的面包心切成小方块备用。

❸ **打发奶油** 将奶油倒入碗中打发。

❹ **处理红薯** 将烤熟的红薯去皮，用刀碾碎备用。

❺ **做红薯奶油** 将碾碎的红薯放进奶油里继续打发。

❻ **加牛奶** 将少量牛奶倒进红薯奶油中搅拌。

❼ **装裱花袋** 将搅拌好的奶油装入裱花袋中备用。

❽ **加热面包块** 将切好的小面包块放入锅中，加入适量黄油小火加热至面包块酥脆。

❾ **切奇异果** 将奇异果切片备用。

❿ **做芒果泥** 将芒果的果肉取出切成小块，一半放入碗中备用，另一半放入搅拌机中，加入一点儿柠檬汁搅拌至泥状备用。

⓫ **加糖粉** 将适量的糖粉撒在酥脆的面包块上。

⓬ **放入面包块** 将一部分面包块放进烤好的面包壳里。

⑬ **加奶油** 将一层红薯奶油铺在面包块上。

⑭ **铺水果** 将剩余的面包块、芒果块、奇异果片一层层铺在奶油上，最后一层是面包块。

⑮ **奶油“封口”** 将奶油铺在最后一层面包块上，封住面包口。

⑯ **切苹果** 将去核的青苹果和红苹果切片装盘。

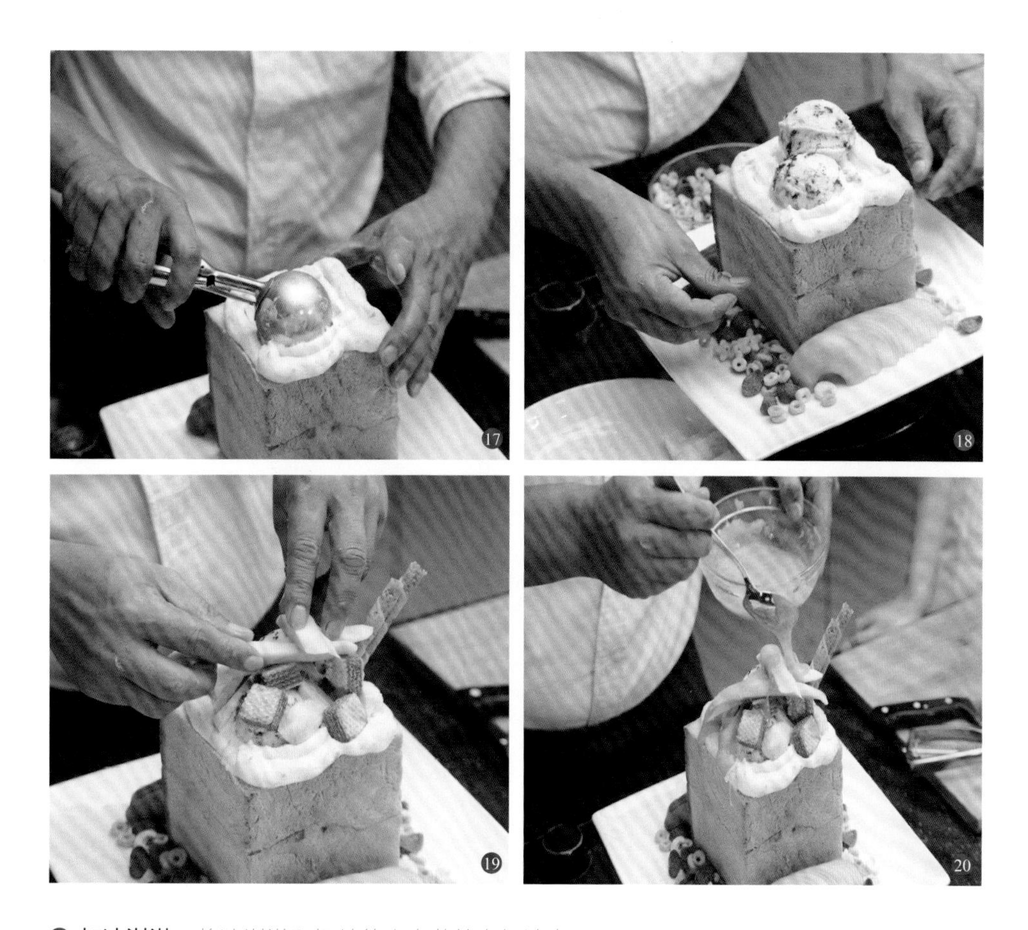

⑰ **加冰淇淋** 将冰淇淋和切片的小米蕉放在奶油上面。

⑱ **加无糖玉米脆片** 将适量的无糖玉米脆片均匀地放入盘中。

⑲ **装饰** 将小威化饼干 、脆迪酥、芒果切片放在奶油上。

⑳ **淋芒果泥** 将芒果泥均匀地淋在表面，在面包周围挤一圈奶油即可开始享用。

为什么女生天生对甜点无法抗拒呢？我想，甜点就是爱啊！精致的外形、食材满满的内在，再加上香甜的味道，满足你对食物所有的期待，一口吃下去真的会有一种被世界温柔对待的感觉。而且甜点五彩缤纷，更是另一种让人欲罢不能的视觉诱惑。如果说唯有美食与爱不可辜负，那么甜点就是双重的不可辜负了。

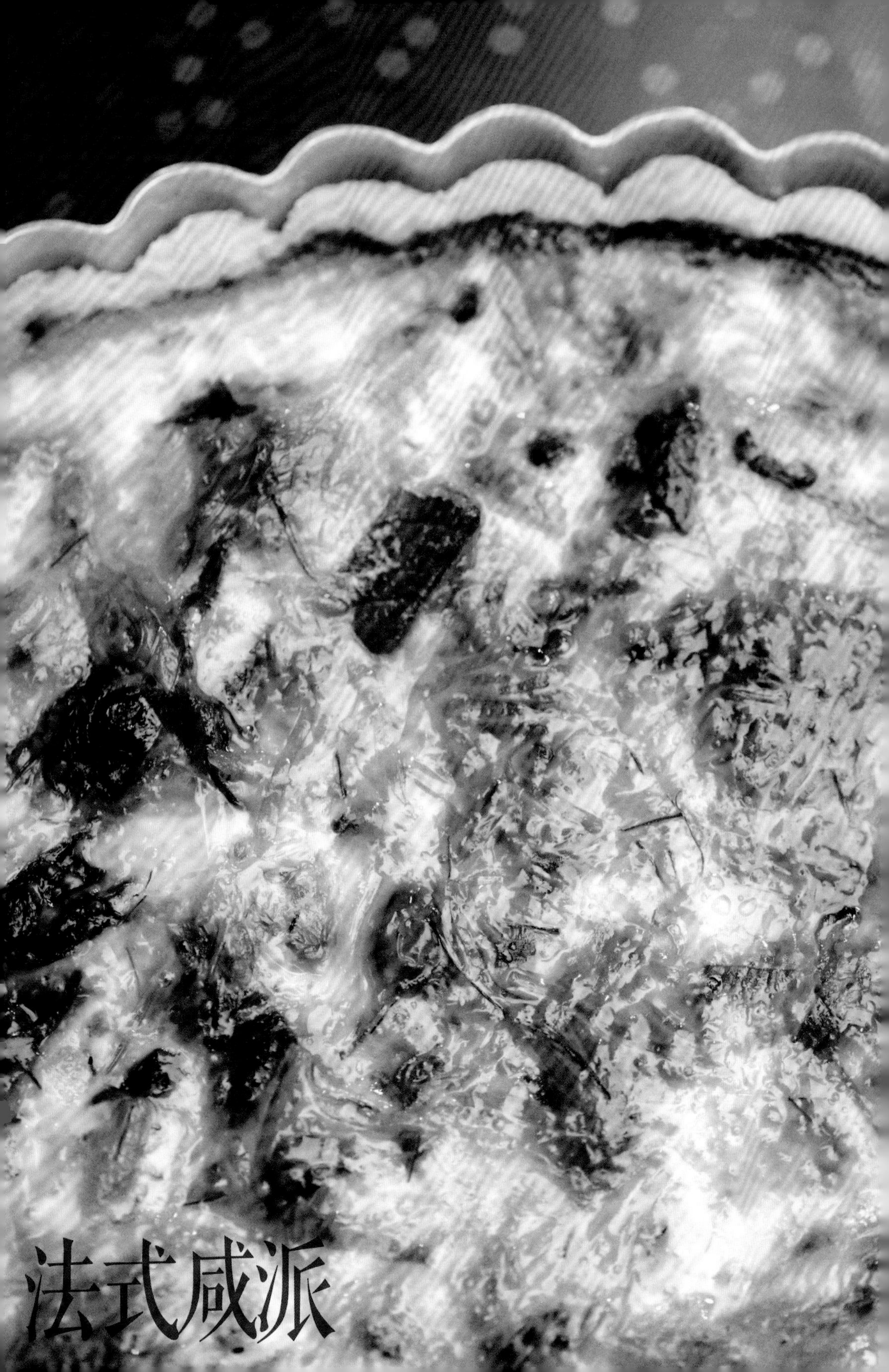

法式咸派

面点应该是大家共同的喜好，那么派，大家有吃过吧，一般吃的都是甜派比较多，但你有试过咸派吗？在法国，咸派是他们的传统食物。今天在我的厨房里就来试试做咸派。什么样子的咸派会是法国人喜欢的味道呢？看看你就知道了。

法式咸派

烹饪时间 60分钟

烘焙时间 45分钟

静置时间 0分钟

使用工具：

烤箱、焗烤盘、隔热手套、烘焙纸、叉子、烤模

使用食材：

三文鱼	300克
虾	10只
菠菜	300克
鸡蛋	4颗
牛奶	300毫升
大米	适量
面粉	250克
欧芹	适量
盐腌火腿	少许
奶油	350克
黄油	适量
起司丝	130克
盐	适量

烹饪步骤：

❶ **和面团** 黄油放进微波炉溶化，将其和面粉均匀揉合，再加入60毫升的水将其拌匀，揉成面团。

❷ **擀面皮** 将面团用擀面杖擀薄。

❸ **铺面皮** 将面皮按压在模具里塑形，用叉子在面皮底部均匀地戳满小孔。

❹ **烤面皮** 将烘焙纸放在面皮上面，放入大米，将面皮压实，再放入烤箱180℃烤15分钟（15分钟后，把米倒出，再将面皮烤5分钟。）

❺ **做咸派液** 将鸡蛋打成蛋液，加入奶油、牛奶、起司丝、欧芹，再加入盐，将其搅拌均匀。

❻ **烫菠菜** 将菠菜放入水中汆烫，捞出放入凉水中冷却，捞出菠菜挤出水分备用。

❼ **做馅料** 将三文鱼切成丁，再把菠菜以及虾肉切碎，加入适量的盐将其拌匀。

❽ **加馅料** 拿出烤好的派皮，将馅料均匀地放入派皮中，再加入切好的盐腌火腿粒。

❾ **铺咸派液** 将做好的咸派液均匀铺在馅料上面。

❿ **烤咸派** 将铺满馅料的派皮放入烤箱烤25分钟（180℃）就完成了。

法式咸派的口感特别嫩滑，派皮也特别软，这种法式妈妈料理有一种家的味道。

豆瓣酱豆腐沙拉

在台湾，很多人叫我创意料理达人。其实在做创意菜之前，我花了很多时间去品尝各种不同的味道，去认识不同的食材，才了解什么叫作创意料理。今天在我的厨房里，我要介绍我人生中设计的第一道创意菜。

豆瓣酱豆腐沙拉

烹饪时间 5 分钟 | 烘焙时间 0 分钟 | 冷藏时间 5 分钟

使用工具：

水晶碗

使用食材：

西生菜	1 棵
黄瓜	1 根
蟹子	适量
海带芽	适量
嫩豆腐	1 盒
蒜末	1 匙
玉米脆片	50 克
豆瓣酱	1 匙
味噌	1 匙
柴鱼酱油	适量
美乃滋	1 匙

烹饪步骤：

❶ **冰镇蔬菜** 将西生菜掰成小块放到冷水里；黄瓜切片后也放到水里，将蔬菜放到冰箱里冷藏一会儿。

❷ **调酱汁** 往水晶碗里倒入豆瓣酱、味噌、蒜末、美乃滋和一点儿柴鱼酱油，加柴鱼酱油是为了给这道美食增加一点儿海味。

❸ **拌匀** 将酱汁中的所有调味料搅匀，放在一边备用。

❹ **铺蔬菜** 将冰镇好的西生菜和黄瓜片从冰箱里取出，铺在成品盘上。

❺ **铺豆腐** 用匙子将嫩豆腐舀出，铺在蔬菜上。

❻ **淋酱汁** 将拌好的酱汁淋在豆腐上。

❼ **撒上蟹子和海带芽** 在食材上撒上切碎的海带芽和蟹子。

❽ **撒玉米脆片** 撒上玉米脆片就大功告成了。

蔬菜和玉米脆片很脆口，豆腐非常软嫩。这道菜用了豆瓣酱做酱汁，可是不说的话你根本不知道其中有它，带着豆瓣酱的香味，却又完全吃不出豆瓣酱的味道。食材没有单一的一面，只要你给它不同的搭配，它就会给你呈现出不同的风味，创意料理就是需要你多多思考，多多尝试。

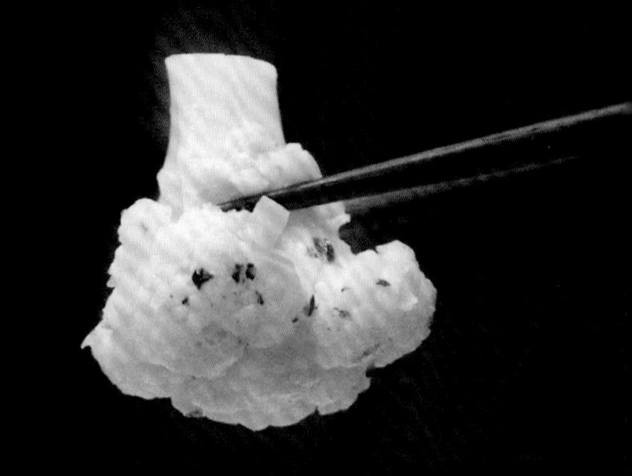

奶酪蔬菜总烩

很多菜的创意组合会让你吓一跳，因为那已经超乎你的逻辑和想象。但是有很多名菜，都是在不同的碰撞之中创造出来的。接下来这一道，我会仔细给大家介绍，它是如何碰撞出来的！

奶酪蔬菜总烩

烹饪时间 20分钟

烘焙时间 0分钟

静置时间 0分钟

使用工具：

炒锅、榨汁机、打蛋器、漏匙

使用食材：

绿花椰菜	1/2个
白花椰菜	1/2个
洋葱	1/2个
红甜椒	1/2个
黄甜椒	1/2个
洋菇	5朵
蒜末	1大匙
菲达奶酪	适量
黑胡椒粉	适量
白糖	1/2匙
橄榄油	适量

烹饪步骤：

❶ **切蔬菜** 将绿、白两色花椰菜切成小朵；洋菇切片；红甜椒去籽切块；洋葱切丁备用。

❷ **打碎黄甜椒** 黄甜椒去籽后，放入榨汁机里打碎备用。

❸ **干煸洋菇** 将洋菇放到锅里干煸。

❹ **加橄榄油** 洋菇炒出香味后，放入洋葱丁，再加入少许橄榄油。

❺ **加红甜椒** 将红甜椒块和蒜末加入锅里，充分炒匀。

❻ **加水** 加入少量的水，再倒入之前打碎的黄甜椒，炒匀。

❼ **焯花椰菜** 烧一锅水，将花椰菜放到水锅里焯1分钟左右。

❽ **加入花椰菜** 将焯好的花椰菜捞出，放入步骤6的锅中，一起翻炒。

❾ **加奶酪** 将菲达奶酪放入锅中炒匀，待奶酪溶化。

❿ **调味** 往锅中倒入白糖，再撒上黑胡椒粉，稍作翻炒就能出锅享用了。

蔬菜里面加入菲达奶酪，奶酪含有的油脂不至于让蔬菜太过寡淡，即使是无肉不欢、不喜蔬菜的人也会爱上这道菜。

这绝不是美食制作的终点，

而是下一次全新的起航……